Réussir

# Eureka Math®
## 1ère année
## Modules 1–3

Great Minds PBC is the creator of Eureka Math®,
Wit & Wisdom®, Alexandria Plan™, and PhD Science™.

Published by Great Minds PBC. greatminds.org

Copyright © 2020 Great Minds PBC. All rights reserved. No part of this work may be reproduced or used in any form or by any means—graphic, electronic, or mechanical, including photocopying or information storage and retrieval systems—without written permission from the copyright holder.

ISBN 978-1-64929-064-9

1  2  3  4  5  6  7  8  9  10  XXX  25  24  23  22  21  20

Printed in the USA

# Apprendre ◆ Pratiquer ◆ Réussir

Le matériel pédagogique *d'Eureka Math*® pour *A Story of Units*® (K-5) est proposé dans le trio *Apprendre, Pratiquer, Réussir*. Cette série prend en charge la différenciation et la remédiation tout en gardant les documents pour les élèves organisés et accessibles. Les éducateurs constateront que la série *Apprendre, Pratiquer,* et Réussir propose également des ressources cohérentes—et donc plus efficaces—pour la réponse à l'intervention (RAI), la pratique supplémentaire et l'apprentissage pendant l'été.

## Apprendre

*Apprendre d'Eureka Math* sert de compagnon de classe aux élèves, où ils montrent leurs réflexions, partagent ce qu'ils savent, et voient leurs connaissances s'enrichir chaque jour. *Apprendre* rassemble le travail quotidien en classe—Problèmes d'application, Tickets de sortie, Séries de problèmes, Modèles—dans un volume organisé et facilement navigable.

## Pratiquer

Chaque leçon *Eureka Math* commence par une série d'activités de perfectionnement énergiques et joyeuses, y compris celles se trouvant dans Pratiquer *d'Eureka Math*. Les élèves qui maîtrisent déjà leurs savoirs en mathématiques peuvent acquérir une plus grande maîtrise pratique, encore plus approfondie. Avec *Pratiquer,* les élèves acquièrent des compétences dans les savoirs nouvellement acquis et renforcent leurs apprentissages antérieurs en vue de la leçon suivante.

Ensemble, *Apprendre* et *Pratiquer* fournissent tout le matériel imprimé que les élèves utiliseront pour leur enseignement fondamental des mathématiques.

## Réussir

*Réussir d'Eureka Math* permet aux élèves de travailler individuellement vers leur maîtrise. Ces séries additionnelles de problèmes font correspondre chaque leçon à l'enseignement en classe, ce qui les rend idéaux comme devoirs ou entraînements supplémentaires. Chaque série de problèmes est accompagné d'une Aide aux devoirs, un ensemble d'exemples concrets qui illustrent comment résoudre des problèmes similaires.

Les enseignants et les tuteurs peuvent utiliser les livres *Réussir* des niveaux précédents comme outils cohérents avec le programme pour combler des lacunes dans les connaissances fondamentales. Les élèves s'épanouiront et progresseront plus rapidement parce que les modèles familiers facilitent les connexions au contenu de leur niveau scolaire actuel.

## Élèves, familles, et éducateurs :

Merci de faire partie de la communauté *Eureka Math*®, qui célèbre la passion, l'émerveillement et le plaisir des mathématiques.

Rien ne vaut la satisfaction de la réussite : plus les élèves sont compétents, plus leur motivation et leur engagement sont grands. Le livre *Eureka Math Réussir* fournit les conseils et les exercices supplémentaires dont les élèves ont besoin pour consolider leurs connaissances de base et acquérir la maîtrise de nouveaux matériaux.

### *Que contient le livre Réussir ?*

Les livres *Eureka Math Réussir* fournissent des séries d'exercices pratiques qui complémentent les leçons de *Une histoire d'unités*®. Chaque leçon de *Réussir* commence par un ensemble d'exemples travaillés, appelés *Aides aux devoirs*, qui illustrent la façon dont le programme d'études utilise la modélisation et le raisonnement pour renforcer la compréhension. Ensuite, les élèves s'exercent à l'aide d'une série de problèmes soigneusement séquencés afin de partir d'une zone de confort, puis augmentent progressivement en complexité.

### *Comment utiliser Réussir ?*

La série de livres *Réussir* peut être utilisée comme enseignement différencié, exercices pratiques, devoirs ou comme soutien scolaire. Associées à *Affirmé*®, le système d'évaluation numérique d'*Eureka Math*, les leçons de *Réussir* permettent aux éducateurs de dispenser une pratique ciblée et d'évaluer les progrès des élèves. L'alignement de *Réussir* avec les modèles mathématiques et le langage utilisés dans *Une histoire d'unités* garantit aux élèves de comprendre les liens et la pertinence de leur enseignement quotidien, qu'ils travaillent sur les compétences de base ou qu'ils approfondissent leurs savoirs.

### *Où puis-je en savoir plus sur les ressources Eureka Math ?*

L'équipe de Great Minds® s'engage à aider les élèves, les familles, et les éducateurs avec une bibliothèque de ressources en constante expansion, disponible sur le site eureka-math.org. Le site Web propose également des histoires de réussite inspirantes survenues dans la communauté *Eureka Math*. Partagez vos idées et vos réalisations avec d'autres utilisateurs en devenant un Champion d'*Eureka Math*.

Meilleurs vœux pour une année remplie de moments Eureka !

Jill Diniz
Directeur des mathématiques
Great Minds

# Contenu

## Module 1 : Sommes et différences jusqu'à 10

### Sujet A : Nombres intégrés et décompositions

Leçon 1 ... 3

Leçon 2 ... 7

Leçon 3 ... 11

### Sujet B : Compter à partir de nombres intégrés

Leçon 4 ... 15

Leçon 5 ... 19

Leçon 6 ... 23

Leçon 7 ... 27

Leçon 8 ... 33

### Sujet C : Problèmes d'addition

Leçon 9 ... 37

Leçon 10 ... 41

Leçon 11 ... 47

Leçon 12 ... 51

Leçon 13 ... 55

### Sujet D : Stratégies d'addition

Leçon 14 ... 59

Leçon 15 ... 63

Leçon 16 ... 67

### Sujet E : La propriété commutative de l'addition et le signe égal

Leçon 17 ... 71

Leçon 18 ... 75

Leçon 19 ... 79

Leçon 20 ... 83

**Sujet F : Développement de la maîtrise de l'addition jusqu'à 10**

Leçon 21 .................................................................................................... 87

Leçon 22 .................................................................................................... 91

Leçon 23 .................................................................................................... 95

Leçon 24 .................................................................................................... 99

**Sujet G : La soustraction comme un problème de terme inconnu**

Leçon 25 .................................................................................................. 103

Leçon 26 .................................................................................................. 107

Leçon 27 .................................................................................................. 111

**Sujet H : Problèmes de soustraction**

Leçon 28 .................................................................................................. 115

Leçon 29 .................................................................................................. 119

Leçon 30 .................................................................................................. 123

Leçon 31 .................................................................................................. 127

Leçon 32 .................................................................................................. 131

**Sujet I : Stratégies de décomposition pour la soustraction**

Leçon 33 .................................................................................................. 135

Leçon 34 .................................................................................................. 139

Leçon 35 .................................................................................................. 143

Leçon 36 .................................................................................................. 147

Leçon 37 .................................................................................................. 151

**Sujet J : Développement de la maîtrise de la soustraction jusqu'à 10**

Leçon 38 .................................................................................................. 155

Leçon 39 .................................................................................................. 159

# Module 2 : Introduction à la valeur de position par addition et soustraction jusqu'à 20

**Sujet A : Addition ou ajout à dix pour résoudre un *Résultat inconnu* et un *Total inconnu* Problèmes**

Leçon 1 .................................................................................................... 167

Leçon 2 .................................................................................................... 171

Leçon 3 .................................................................................................... 175

Leçon 4 .................................................................................................... 179

Leçon 5 .................................................................................................... 183

Leçon 6 .................................................................................................... 187

Leçon 7 .................................................. 191
Leçon 8 .................................................. 195
Leçon 9 .................................................. 199
Leçon 10 ................................................. 203
Leçon 11 ................................................. 207

**Sujet B : Addition ou soustraction de dix pour résoudre un *Résultat inconnu* et un *Total inconnu* Problèmes**

Leçon 12 ................................................. 211
Leçon 13 ................................................. 215
Leçon 14 ................................................. 219
Leçon 15 ................................................. 223
Leçon 16 ................................................. 227
Leçon 17 ................................................. 231
Leçon 18 ................................................. 235
Leçon 19 ................................................. 239
Leçon 20 ................................................. 243
Leçon 21 ................................................. 247

**Sujet C : Stratégies de résolution pour un *Changement* ou un *Nombre à ajouter* inconnu Problèmes**

Leçon 22 ................................................. 251
Leçon 23 ................................................. 255
Leçon 24 ................................................. 259
Leçon 25 ................................................. 263

**Sujet D : Problèmes variés avec les décompositions de nombres de la dizaine en tant que 1 dizaine et certaines unités**

Leçon 26 ................................................. 267
Leçon 27 ................................................. 271
Leçon 28 ................................................. 275
Leçon 29 ................................................. 279

# Module 3 : Organisation et comparaison des mesures de longueur sous forme de nombres

**Sujet A : Comparaison indirecte dans la mesure de la longueur**

Leçon 1 .................................................. 285
Leçon 2 .................................................. 289
Leçon 3 .................................................. 297

## Sujet B : Unités de longueur standard

Leçon 4 . . . . . . . . . . . . . . . . . . . . . . . . . . . . . . . . . . . . . . . . . . . . . . . . . . . . . . . . . . . . . . . . . . . . . . . . . . . . . 305

Leçon 5 . . . . . . . . . . . . . . . . . . . . . . . . . . . . . . . . . . . . . . . . . . . . . . . . . . . . . . . . . . . . . . . . . . . . . . . . . . . . . 311

Leçon 6 . . . . . . . . . . . . . . . . . . . . . . . . . . . . . . . . . . . . . . . . . . . . . . . . . . . . . . . . . . . . . . . . . . . . . . . . . . . . . 317

## Sujet C : Unités de longueur non standard et standard

Leçon 7 . . . . . . . . . . . . . . . . . . . . . . . . . . . . . . . . . . . . . . . . . . . . . . . . . . . . . . . . . . . . . . . . . . . . . . . . . . . . . 321

Leçon 8 . . . . . . . . . . . . . . . . . . . . . . . . . . . . . . . . . . . . . . . . . . . . . . . . . . . . . . . . . . . . . . . . . . . . . . . . . . . . . 325

Leçon 9 . . . . . . . . . . . . . . . . . . . . . . . . . . . . . . . . . . . . . . . . . . . . . . . . . . . . . . . . . . . . . . . . . . . . . . . . . . . . . 329

## Sujet D : Interprétation des données

Leçon 10 . . . . . . . . . . . . . . . . . . . . . . . . . . . . . . . . . . . . . . . . . . . . . . . . . . . . . . . . . . . . . . . . . . . . . . . . . . . . 335

Leçon 11 . . . . . . . . . . . . . . . . . . . . . . . . . . . . . . . . . . . . . . . . . . . . . . . . . . . . . . . . . . . . . . . . . . . . . . . . . . . . 339

Leçon 12 . . . . . . . . . . . . . . . . . . . . . . . . . . . . . . . . . . . . . . . . . . . . . . . . . . . . . . . . . . . . . . . . . . . . . . . . . . . . 343

Leçon 13 . . . . . . . . . . . . . . . . . . . . . . . . . . . . . . . . . . . . . . . . . . . . . . . . . . . . . . . . . . . . . . . . . . . . . . . . . . . . 347

# 1ère année
# Module 1

1. Encerclez 5. Puis, fais une liaison numérique.

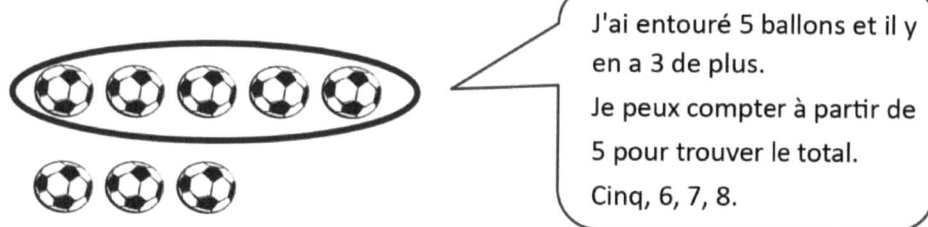

J'ai entouré 5 ballons et il y en a 3 de plus.
Je peux compter à partir de 5 pour trouver le total.
Cinq, 6, 7, 8.

**Liaison numérique**

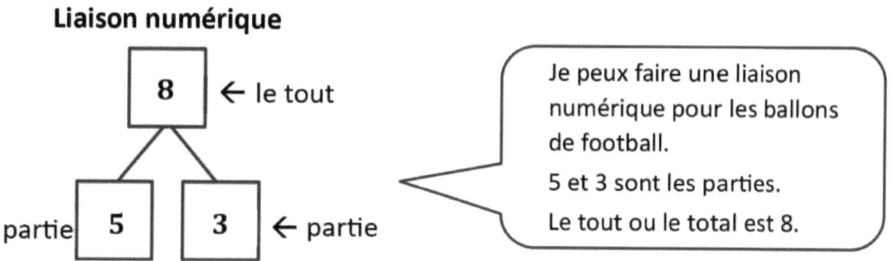

Je peux faire une liaison numérique pour les ballons de football.
5 et 3 sont les parties.
Le tout ou le total est 8.

2. Fais une liaison numérique pour le domino.

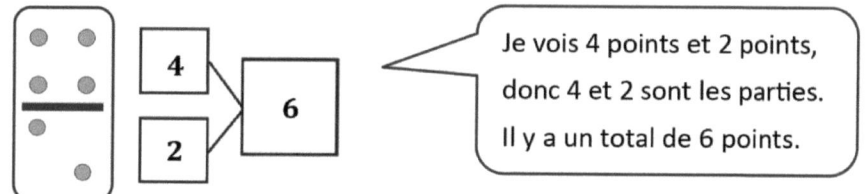

Je vois 4 points et 2 points, donc 4 et 2 sont les parties.
Il y a un total de 6 points.

Leçon 1 : Analyser et décrire les nombres intégrés (jusqu'à 10) à l'aide de groupes de 5 et de liaisons numériques.

Nom _____ Date _____

Encercle 5, puis fais une liaison numérique.

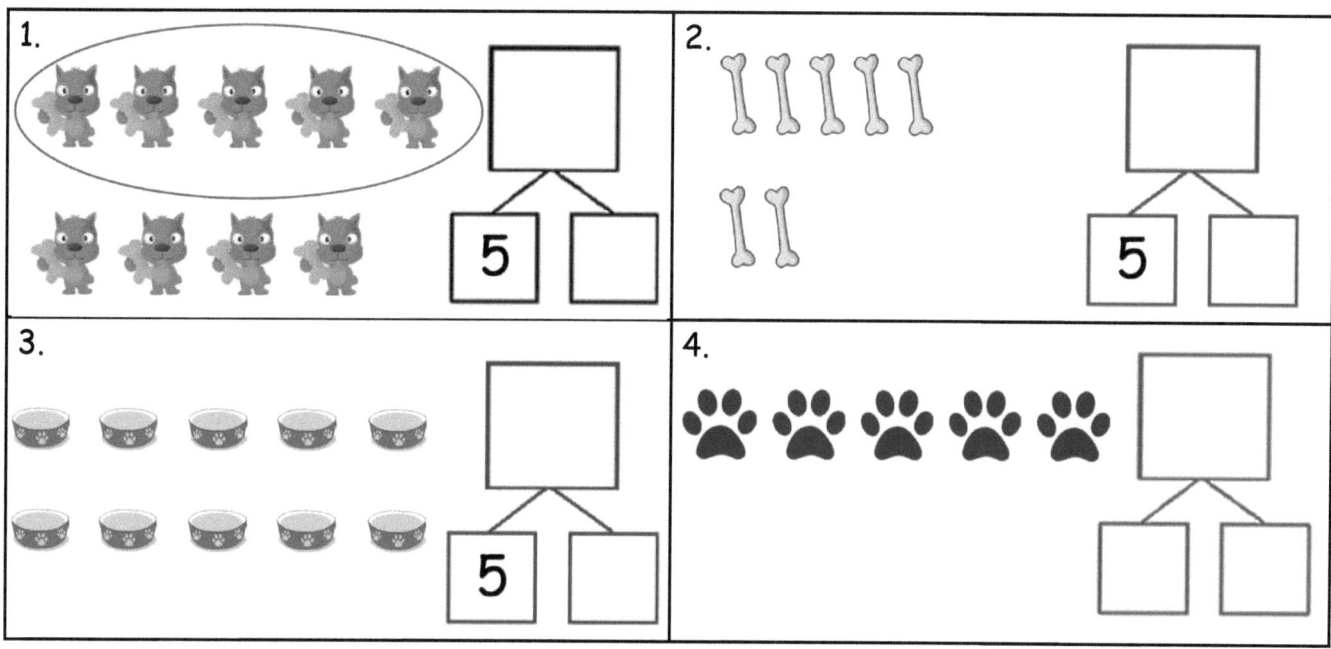

Fais une liaison numérique qui montre 5 comme une partie.

5.

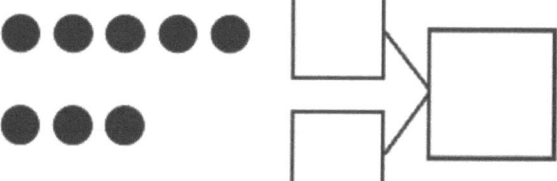

6.

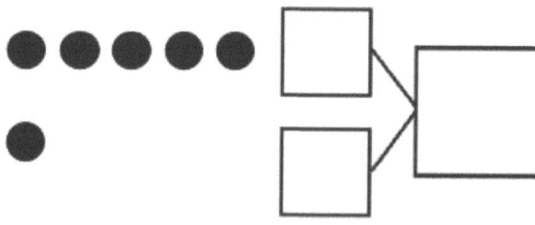

7.

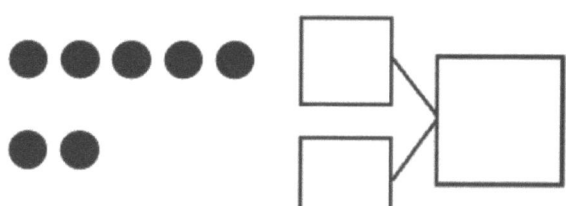

8.

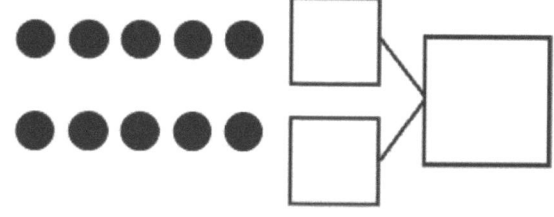

Fais une liaison numérique pour les dominos.

9.
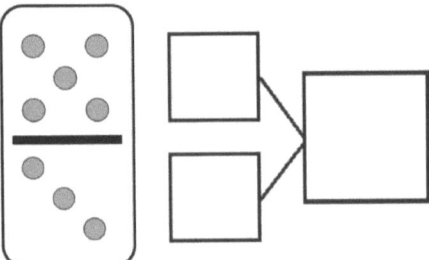

10.
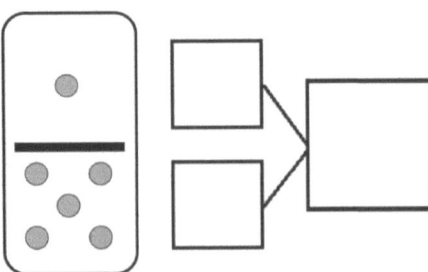

11.
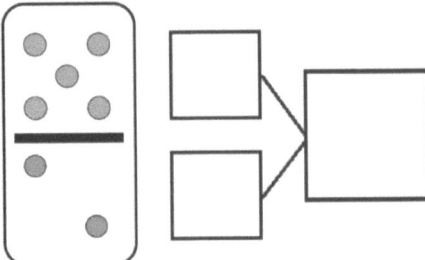

12.
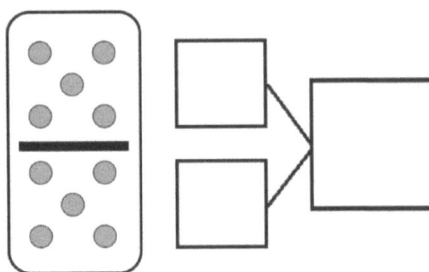

Encercle 5 et compte. Puis, fais une liaison numérique.

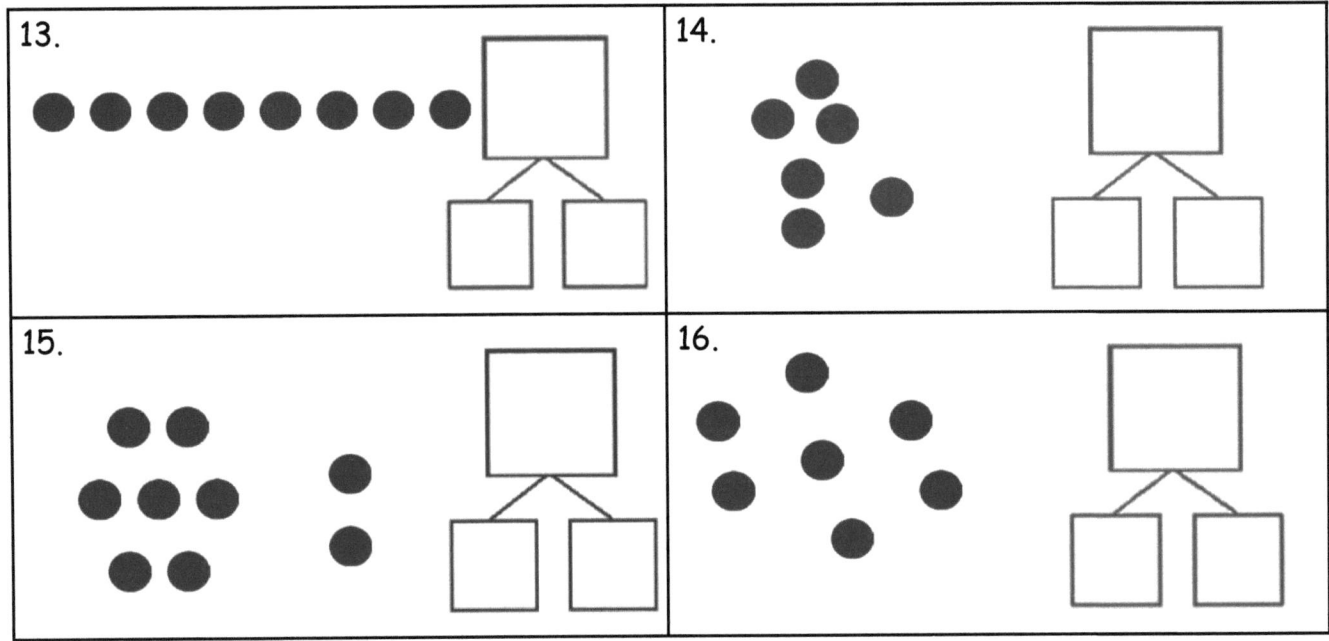

UNE HISTOIRE D'UNITÉS

Leçon 2 Aide aux devoirs 1•1

1. Encercle 2 parties que tu vois. Fais une liaison numérique qui correspond.

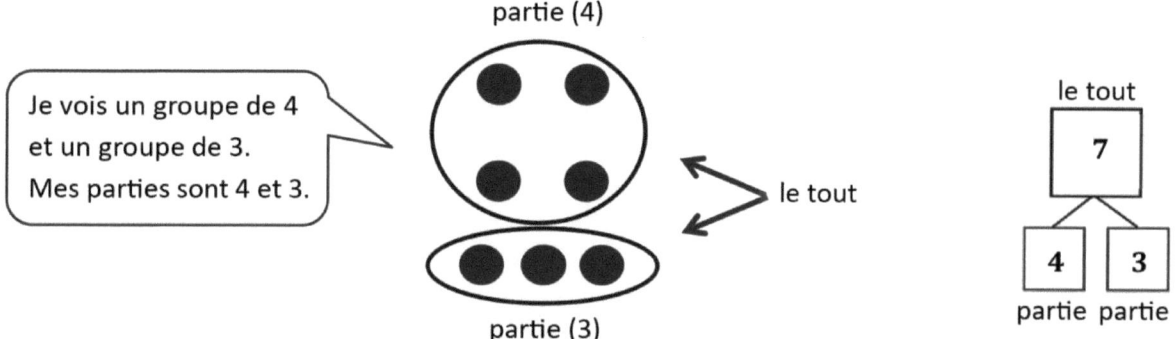

2. Combien de fruits vois-tu ? Écris au moins 2 liaisons numériques différentes pour montrer différentes façons de séparer le total.

Leçon 2 : Raisonner sur les nombres intégrés dans des configurations variées en utilisant des liaisons numériques.

Nom _____  Date _____

Encercle 2 parties que tu vois. Fais une liaison numérique qui correspond.

1.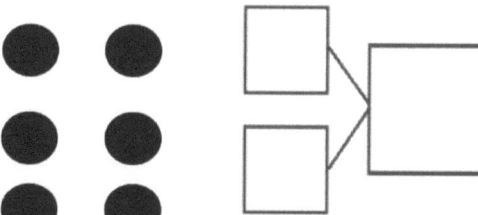

2.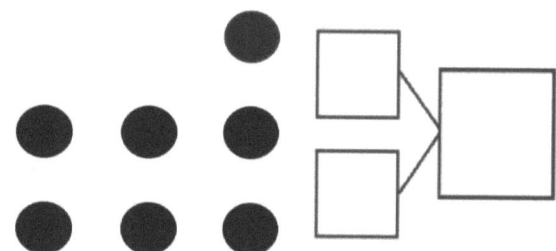

3.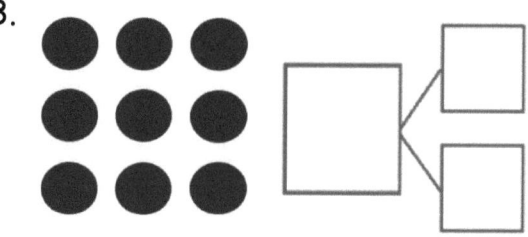

4.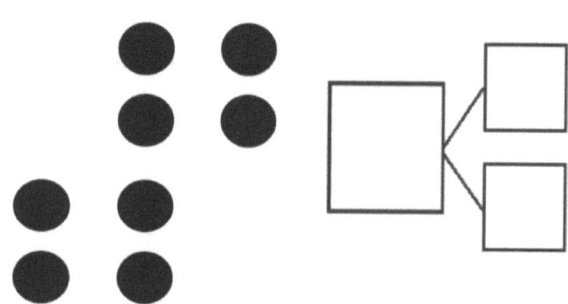

5.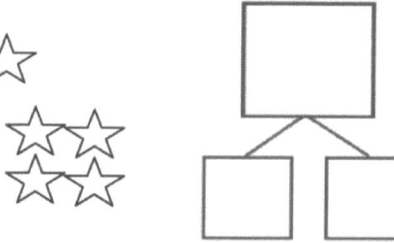

6.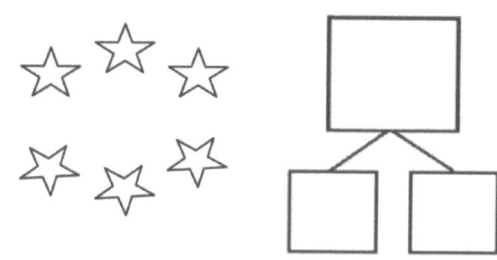

7.

8.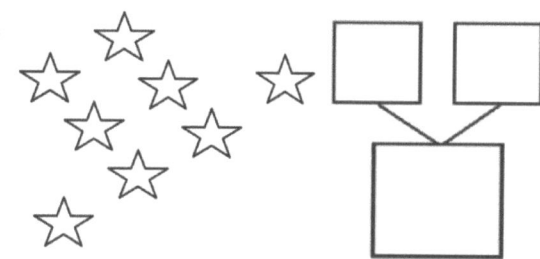

| UNE HISTOIRE D'UNITÉS | Leçon 2 Devoirs | 1•1 |

Combien d'animaux vois-tu ? Écris au moins 2 liaisons numériques différentes pour montrer différentes façons de séparer le total.

9.

10.

Dessines-en un de plus dans le groupe de 5. Dans la case, écris les nombres pour décrire la nouvelle image.

Il y en avait 6 et j'en ai dessiné 1 de plus. Maintenant, il y en a 7.

1 de plus que 6 est __7__.

$6 + 1 = \underline{\ 7\ }$

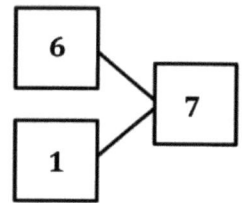

**Leçon 3 :** Regarder et décrire le nombre d'objets en utilisant *1 de plus* dans des configurations à groupes de 5.

Nom _____    Date _____

Combien d'objets vois-tu ? Dessines-en un de plus. Combien d'objets y a-t-il maintenant ?

1.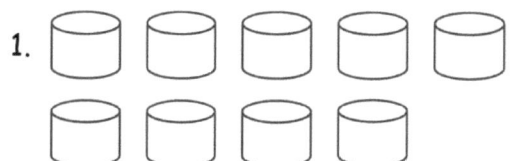

1 de plus que 9 est _____.

9 + 1 = _____

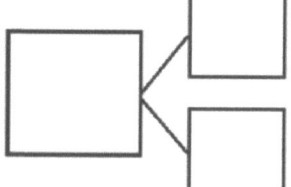

2.

_____ est 1 de plus que 7.

_____ = 7 + 1

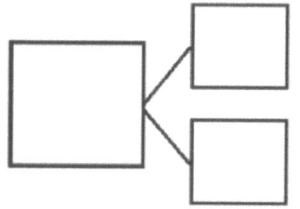

3.

_____ est 1 de plus que 5.

_____ = 5 + 1

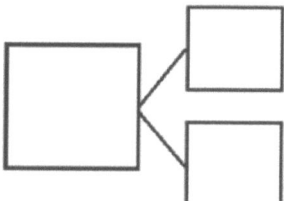

4.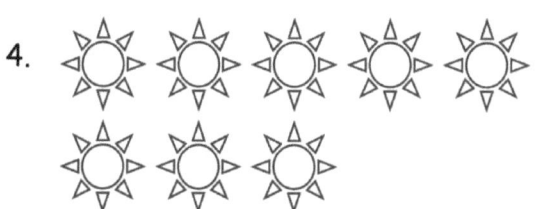

1 de plus que 8 est _____.

_____ + 1 = _____

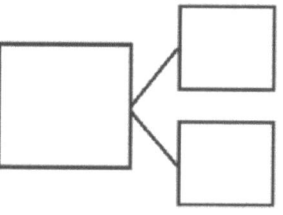

5. Imagine l'ajout d'1 crayon de plus à l'image.
   Ensuite, écris les nombres correspondants au nombre de crayons qu'il y aura.

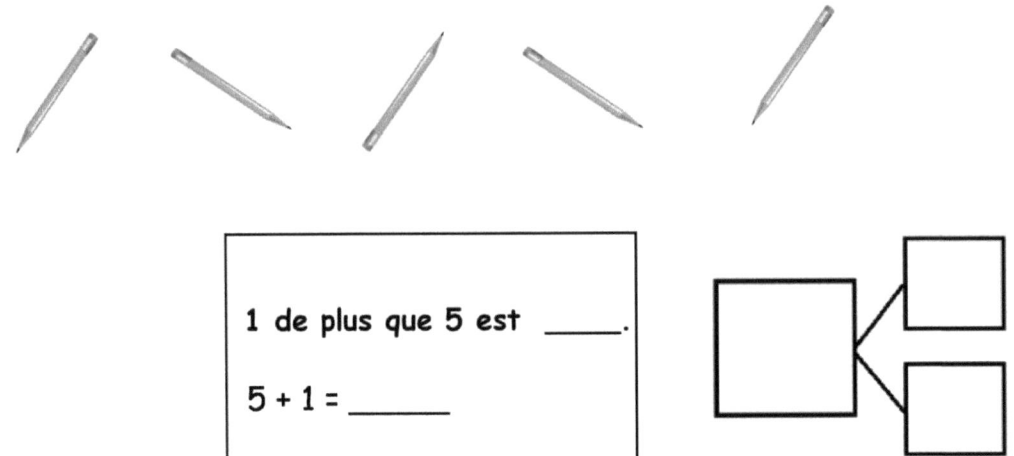

1 de plus que 5 est _____.

5 + 1 = _____

6. Imagine l'ajout d'1 fleur de plus à l'image.
   Ensuite, écris les nombres correspondants au nombre de fleurs qu'il y aura.

_____ est 1 de plus que 8.

_____ + 1 = _____

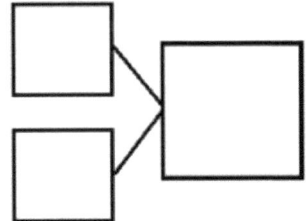

# UNE HISTOIRE D'UNITÉS — Leçon 4 Aide aux devoirs  1•1

À la fin de la 1ʳᵉ année, les élèves devraient connaître comment faire des additions et des soustractions jusqu'à 10.

Les devoirs de la leçon 4 offrent aux élèves l'occasion de créer des cartes de support visuel qui les aideront à acquérir la maîtrise de toutes les façons de faire 6 (6 et 0, 5 et 1, 4 et 2, 3 et 3).

- Certaines des cartes de support visuel peuvent avoir la liaison numérique et la phrase numérique complètes.

**Recto :** Phrase numérique

$$2 + 4 = 6$$

Dans cette phrase numérique, les parties sont 2 et 4., le total est de 6.

**Verso :** Liaison numérique

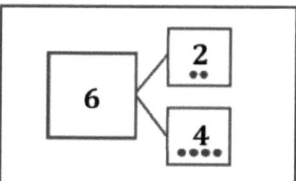

---

- D'autres peuvent avoir la liaison numérique et juste l'expression.

**Recto :** Expression

$$2 + 4$$

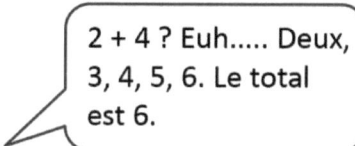

2 + 4 ? Euh..... Deux, 3, 4, 5, 6. Le total est 6.

**Verso :** Liaison numérique

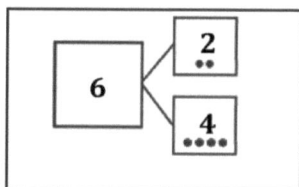

**Leçon 4 :** Représenter des situations de *mises ensemble* avec des liaisons numériques. Compter d'un nombre intégré ou d'une partie jusqu'à un total de 6 et 7, puis générer toutes les expressions d'addition pour chaque total.

UNE HISTOIRE D'UNITÉS · Leçon 4 Devoirs 1•1

Nom _____ Date _____

Aujourd'hui, nous avons appris les différentes combinaisons qui font 6. Pour les devoirs, découpe les cartes de support visuel ci-dessous et écris au dos les phrases numériques que tu as apprises aujourd'hui. Garde ces cartes de support visuel à l'endroit où tu fais tes devoirs pour apprendre à faire 6 jusqu'à ce que tus les connaisses vraiment bien ! Alors que nous continuons à apprendre différentes façons de créer 7, 8, 9 et 10 dans les prochains jours, continue à créer de nouvelles cartes mémoire.

* Note aux familles : assurez-vous que les élèves font chacune des combinaisons qui font 6. Les cartes de support visuel peuvent ressembler à ceci :

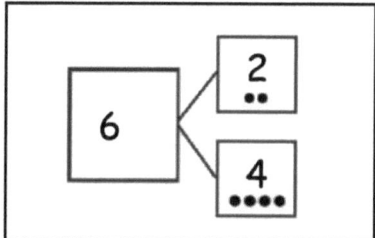

Recto de la carte    Verso de la carte

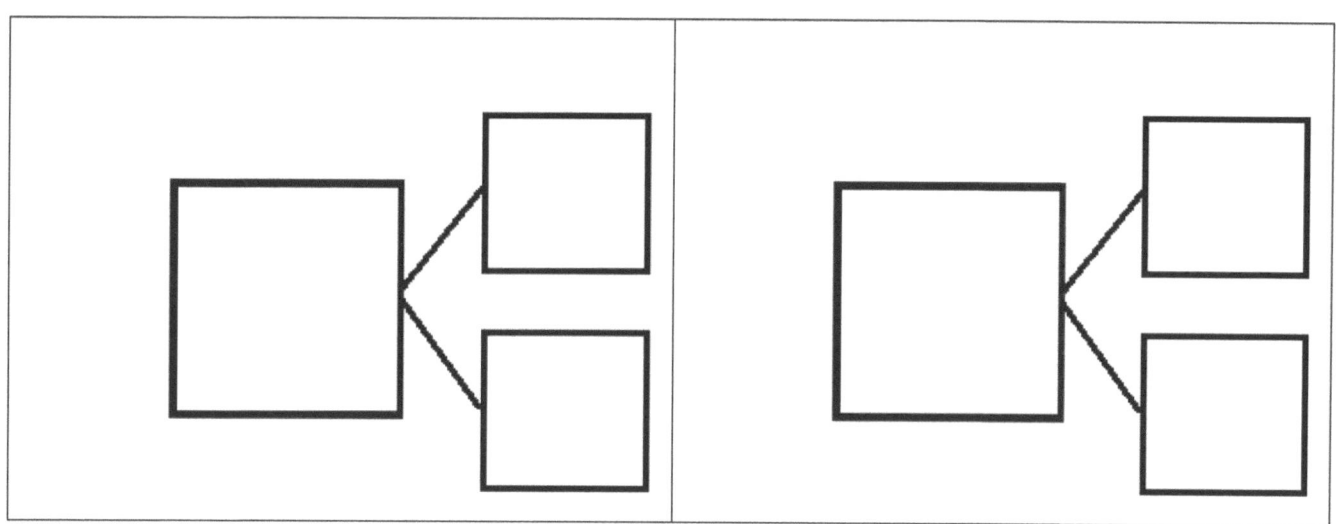

Leçon 4 : Représenter des situations de *mises ensemble* avec des liaisons numériques. Compter d'un nombre intégré ou d'une partie jusqu'à un total de 6 et 7, puis générer toutes les expressions d'addition pour chaque total.

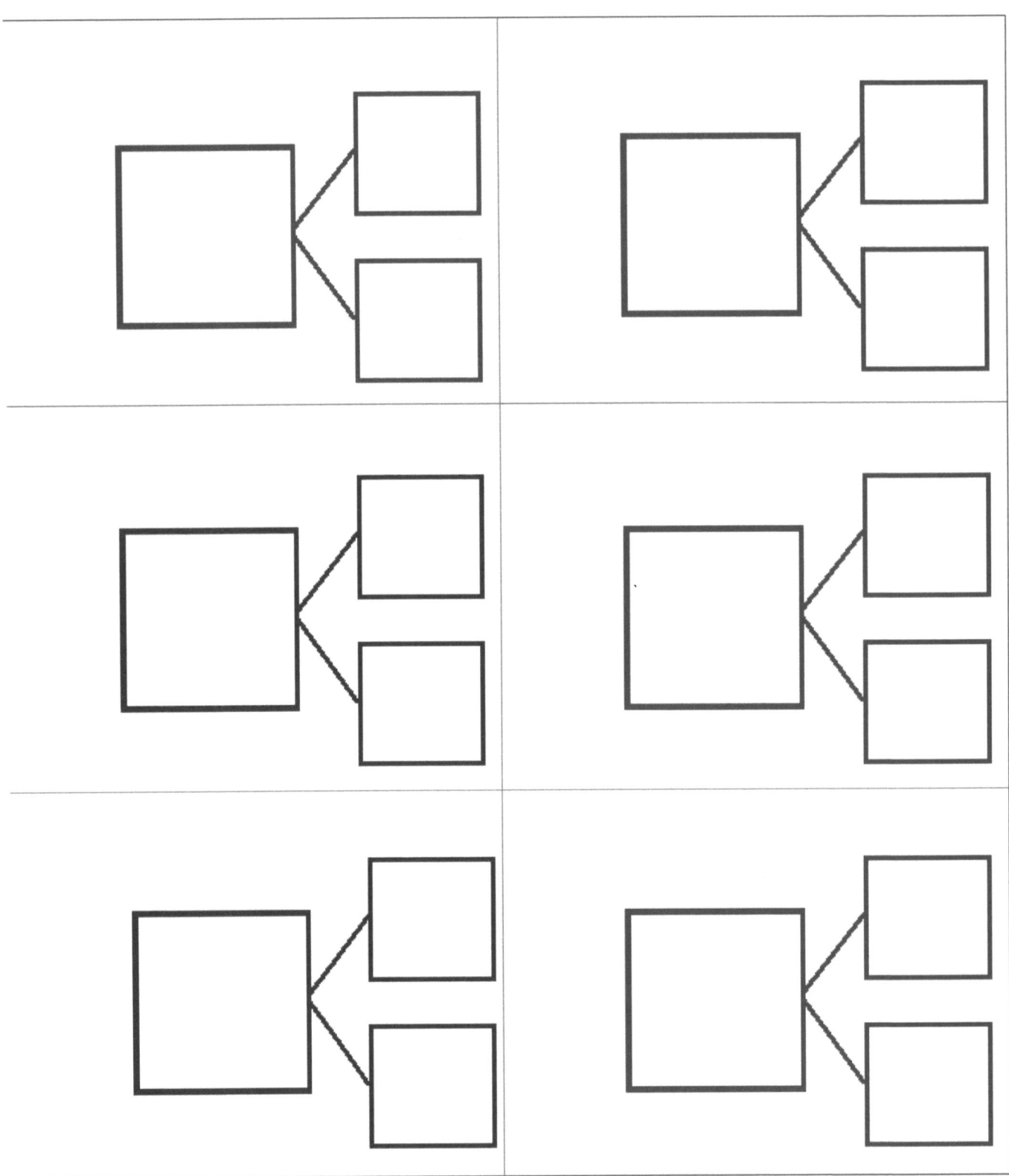

UNE HISTOIRE D'UNITÉS

Leçon 5 Aide aux devoirs 1•1

1. Fais 2 phrases numériques. Utilise les liaisons numériques pour t'aider.

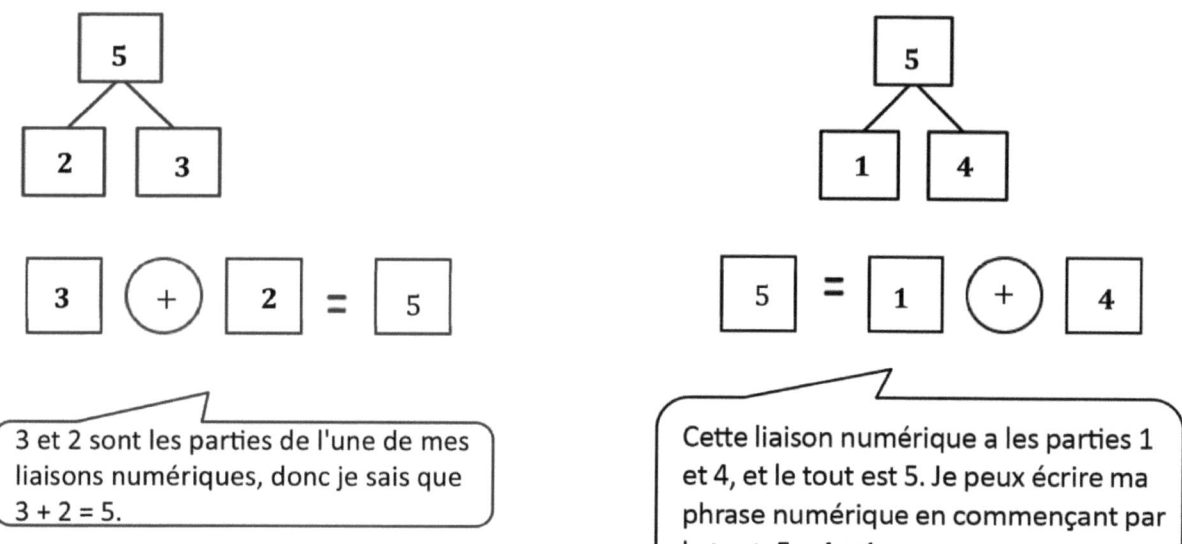

2. Remplis le chiffre manquant dans la liaison numérique. Ensuite, écris des phrases numériques additionnelles pour la liaison numérique que tu as créée.

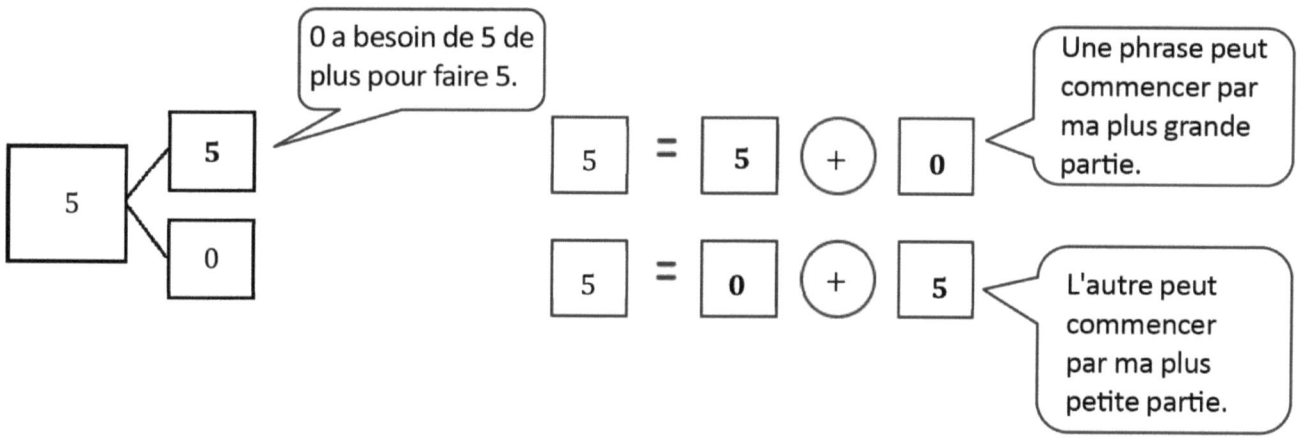

En plus des devoirs de ce soir, les élèves voudront peut-être créer des carte de support visuel qui les aideront à acquérir la maîtrise de toutes les façons de faire 7 (7 et 0, 6 et 1, 5 et 2, 4 et 3).

Leçon 5 : Représenter des situations de *mises ensemble* avec des liaisons numériques. Compter d'un nombre intégré ou d'une partie jusqu'à un total de 6 et 7, puis générer toutes les expressions d'addition pour chaque total.

Nom _____ Date _____

1. Relie les dés pour montrer différentes façons d'obtenir 7. Ensuite, dessine une liaison numérique pour chaque paire de dés.

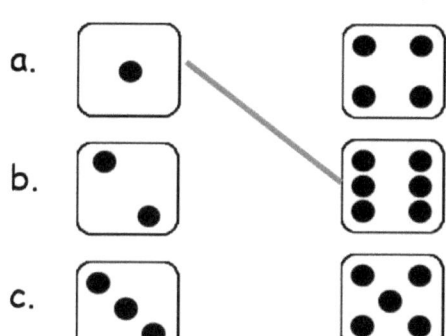 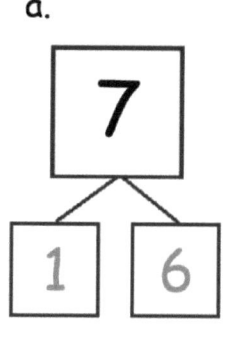 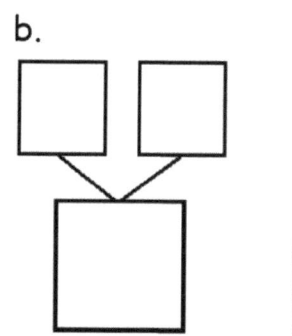 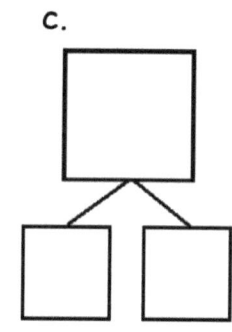

2. Fais 2 phrases numériques. Utilise les liaisons numériques ci-dessus pour t'aider.

3. Remplis le nombre manquant dans la liaison numérique. Ensuite, écris des phrases numériques additionnelles pour la liaison numérique que tu as créée.

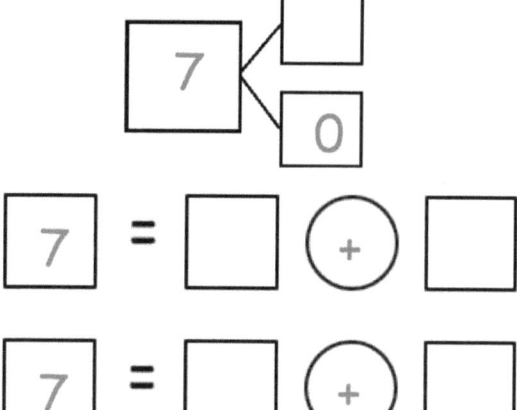

4. Colorie les dominos qui font 7.

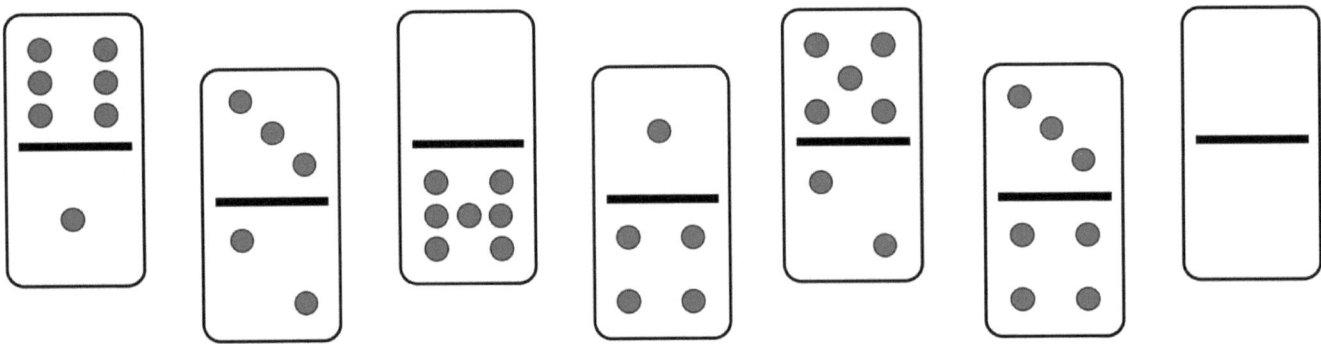

5. Remplis les liaisons numériques pour les dominos que tu as coloriés.

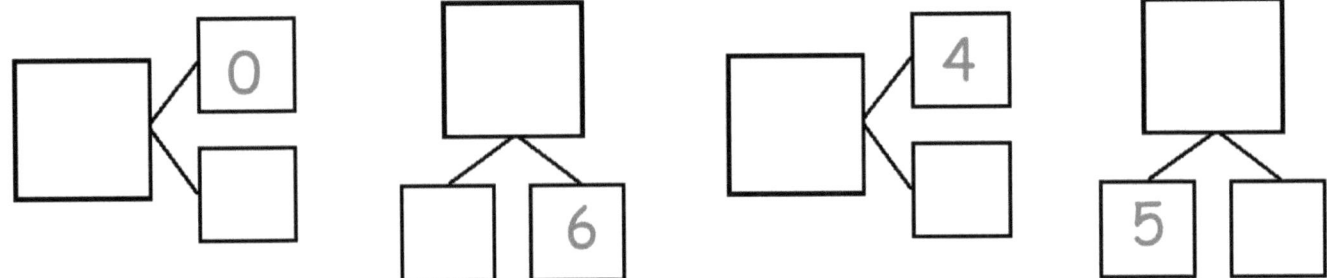

1. Montre 2 façons d'obtenir 7. Utilise la liaison numérique pour t'aider.

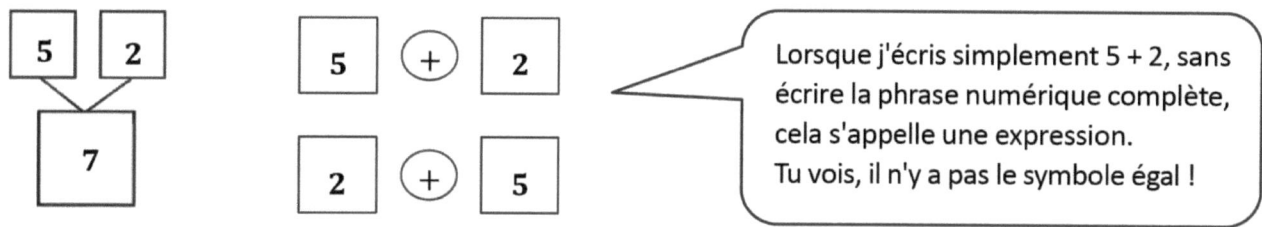

Lorsque j'écris simplement 5 + 2, sans écrire la phrase numérique complète, cela s'appelle une expression.
Tu vois, il n'y a pas le symbole égal !

2. Remplis le nombre manquant dans la liaison numérique. Écris 2 phrases d'addition pour la liaison numérique.

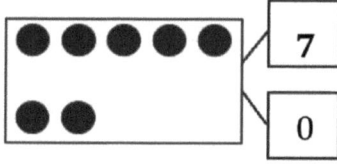

$$7 + 0 = 7$$
$$7 = 0 + 7$$

Lorsque j'ajoute le symbole égal et total, cela s'appelle une phrase numérique.

UNE HISTOIRE D'UNITÉS  Leçon 6 Aide aux devoirs  1•1

3. Ces liaisons numériques sont dans un ordre, en commençant par la plus petite partie en premier. Écris pour indiquer quelles liaisons numériques manquent.

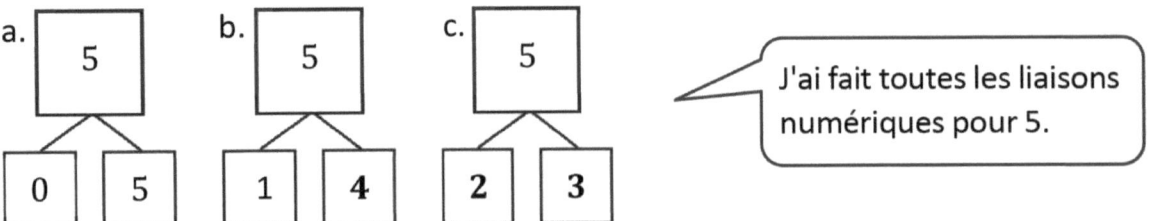

J'ai fait toutes les liaisons numériques pour 5.

4. Utilise l'expression pour écrire une liaison numérique, et dessine une image qui fait 8.

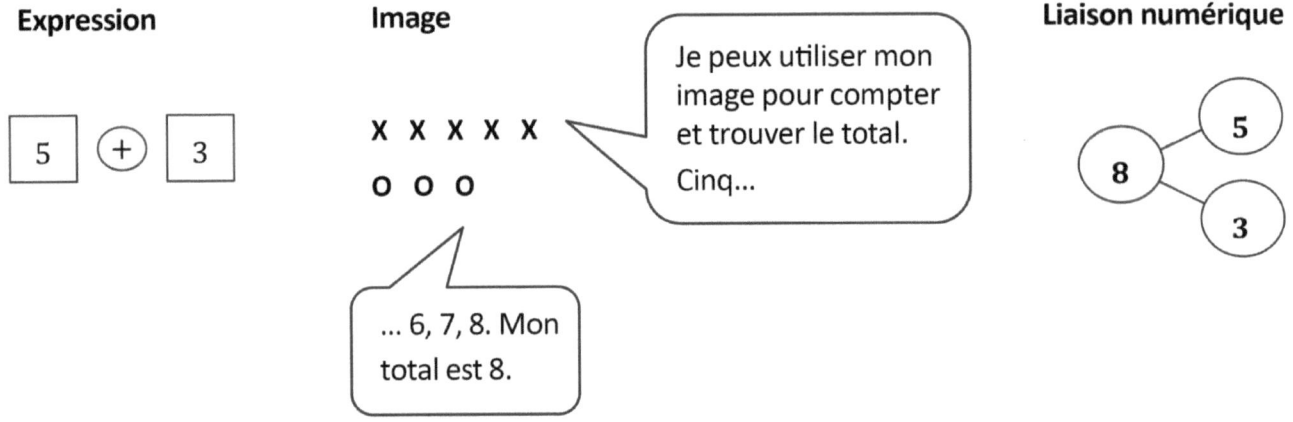

Je peux utiliser mon image pour compter et trouver le total. Cinq...

... 6, 7, 8. Mon total est 8.

En plus des devoirs de ce soir, les élèves peuvent souhaiter créer des cartes de support visuel qui les aideront à développer la maîtrise de toutes les façons de faire 8 (8 et 0, 7 et 1, 6 et 2, 5 et 3, 4 et 4).

Nom _____   Date _____

1. Relie les points pour montrer différentes façons d'obtenir 8. Ensuite, dessine une liaison numérique pour chaque paire.

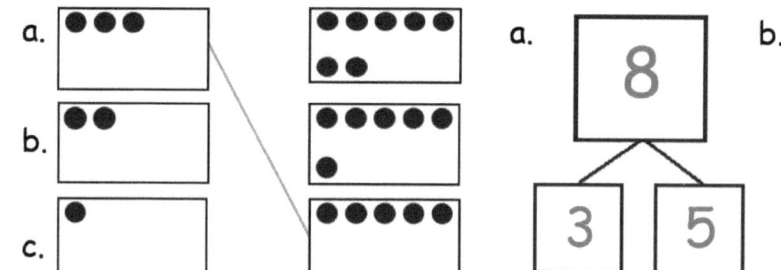

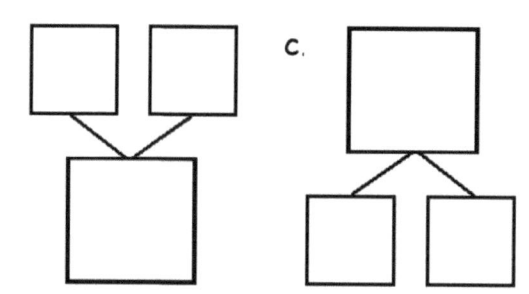

2. Montre 2 façons d'obtenir 8. Utilise les liaisons numériques ci-dessus pour t'aider.

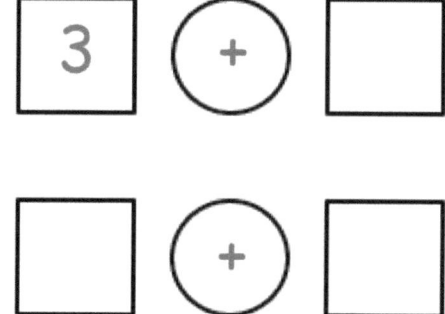

3. Remplis le nombre manquant dans la liaison numérique. Écris 2 phrases d'addition pour la liaison numérique que tu as créée. Remarque où le signe égal est pour rendre ta phrase vraie.

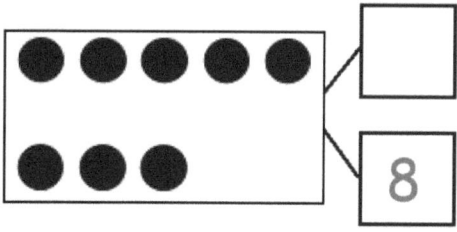

4. Ces liaisons numériques sont dans un ordre commençant par la plus petite partie en premier. Écris pour indiquer quelles liaisons numériques manquent.

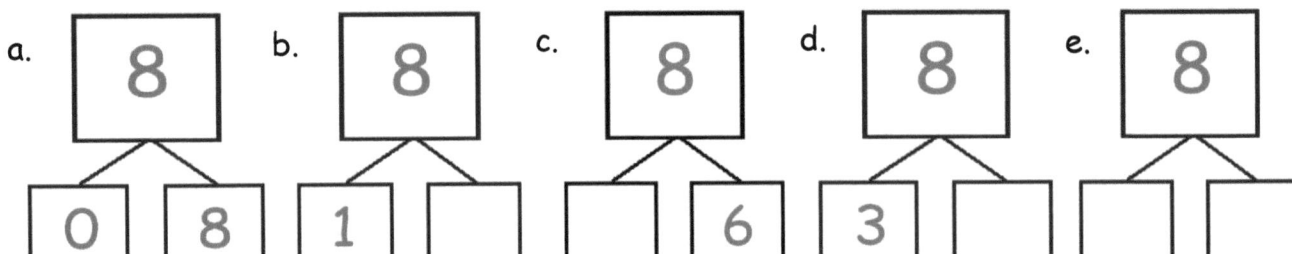

5. Utilise l'expression pour écrire une liaison numérique, et dessine une image qui fait 8.

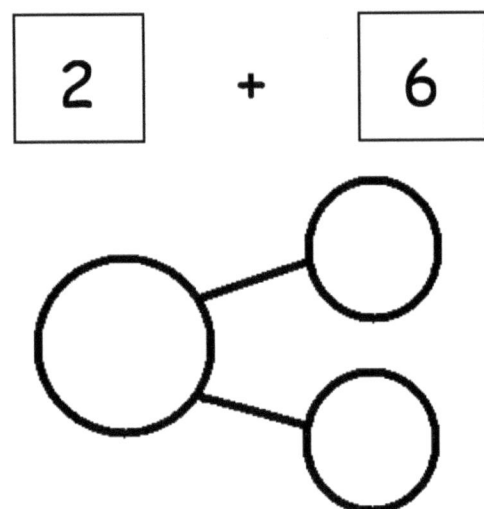

6. Utilise l'expression pour écrire une liaison numérique, et dessine une image qui fait 8.

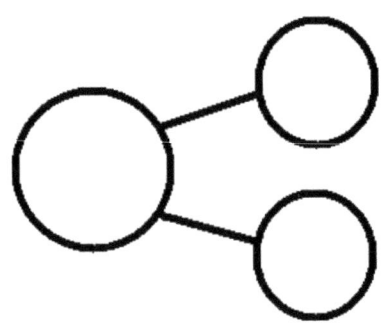

Leçon 7 Aide aux devoirs

Utilise l'image de l'étang pour t'aider à écrire les expressions et les liaisons numériques pour montrer toutes les différentes façons d'obtenir 8.

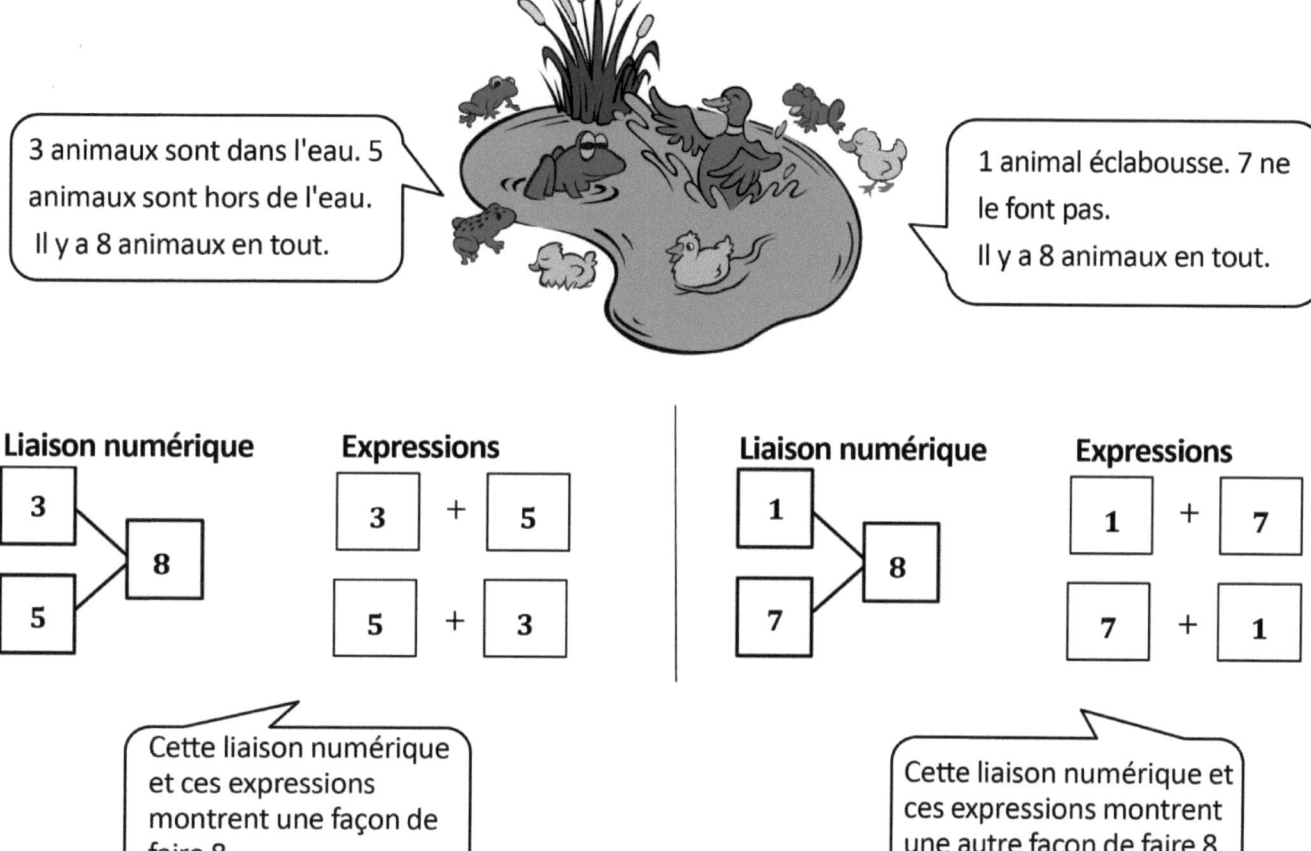

En plus des devoirs de ce soir, les élèves peuvent souhaiter créer des cartes de support visuel qui les aideront à développer la maîtrise de toutes les façons d'obtenir 9 (9 et 0, 8 et 1, 7 et 2, 6 et 3, 5 et 4).

Leçon 7 : Représenter des situations de *mises ensemble* avec des liaisons numériques. Compter d'un nombre intégré ou d'une partie jusqu'à un total de 8 et 9, puis générer toutes les expressions d'addition pour chaque total.

UNE HISTOIRE D'UNITÉS  Leçon 7 Devoirs 1•1

Nom _____  Date _____

## Façons d'obtenir 9

Utilise l'image de l'étagère à livres pour t'aider à écrire les expressions et les liaisons numériques pour montrer toutes les différentes façons d'obtenir 9.

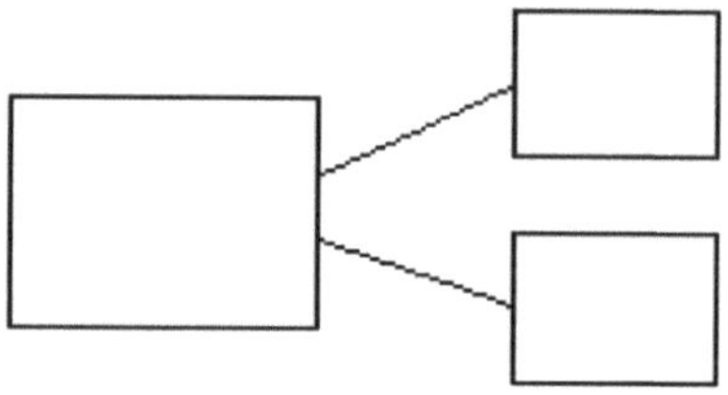

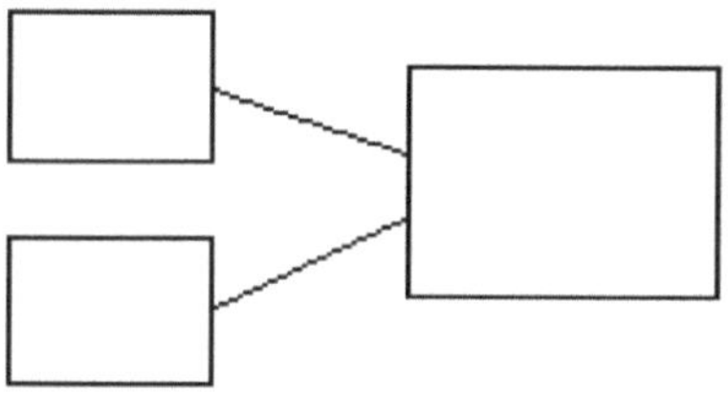

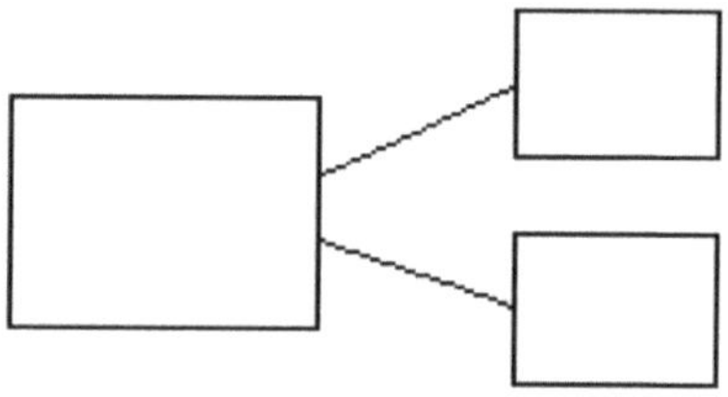

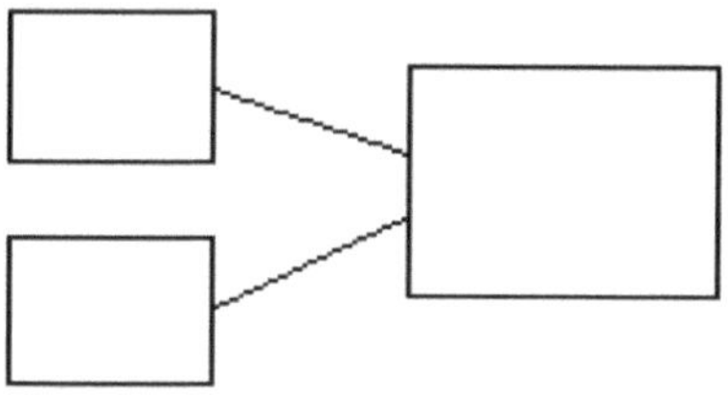

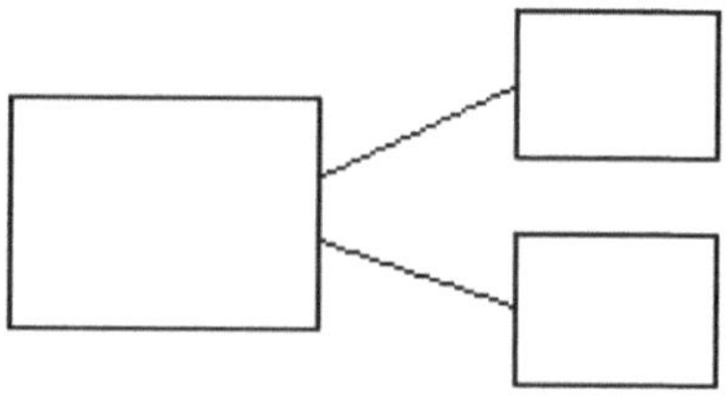

carte illustrée de 9 livres

1. Rex a trouvé 10 os lors de sa promenade. Il ne peut pas décider quelle partie il veut apporter à sa niche et quelle partie il doit enterrer. Aide Rex à montrer ses choix en remplissant les parties manquantes des liaisons numériques.

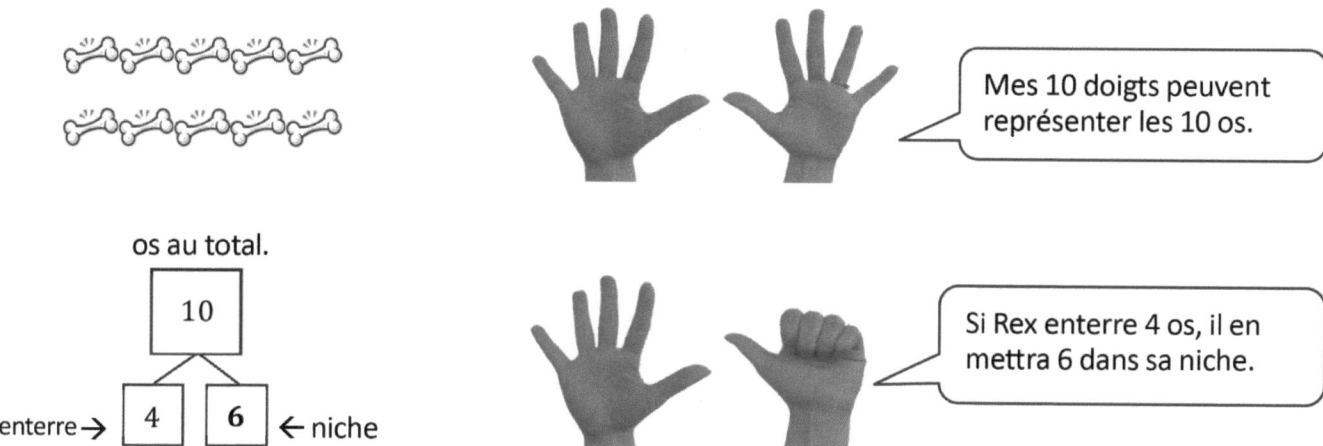

os au total.

10

enterre → 4    6 ← niche

2. Écris toutes les phrases d'addition qui correspondent à cette liaison numérique.

4 + 6 = 10       10 = 4 + 6

6 + 4 = 10       10 = 6 + 4

En plus des devoirs de ce soir, les élèves peuvent souhaiter créer des cartes de support visuel qui les aideront à développer la maîtrise de toutes les façons d'obtenir 10 (10 et 0, 9 et 1, 8 et 2, 7 et 3, 6 et 4, 5 et 5).

Leçon 8 : Représenter toutes les paires de nombres de 10 sous forme de liaisons numériques à partir d'un scénario donné et générer toutes les expressions égales à 10.

Nom _____   Date _____

1. Rex a trouvé 10 os lors de sa promenade. Il ne peut pas décider quelle partie il veut apporter à sa niche et quelle partie il doit enterrer. Aide Rex à montrer ses choix en remplissant les parties manquantes des liaisons numériques.

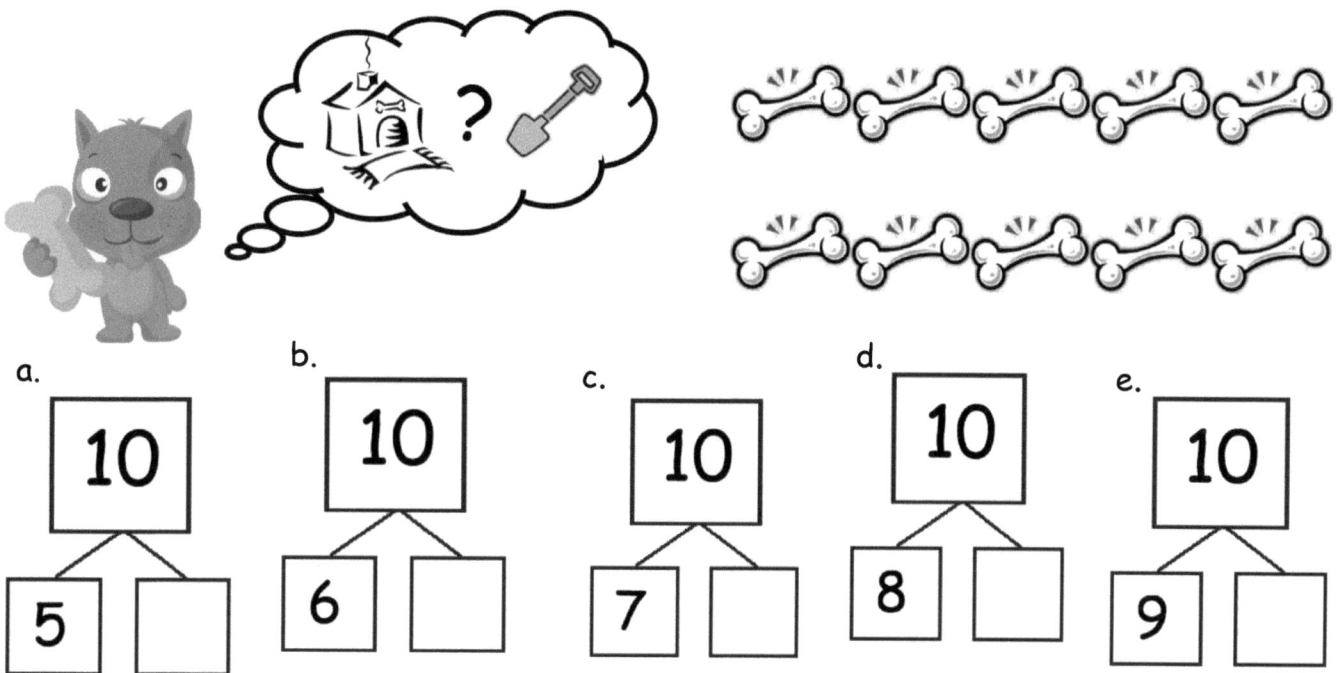

2. Il a décidé d'en enterrer 3 et d'en ramener 7 à la maison. Écris toutes les phrases d'addition qui correspondent à cette liaison numérique.

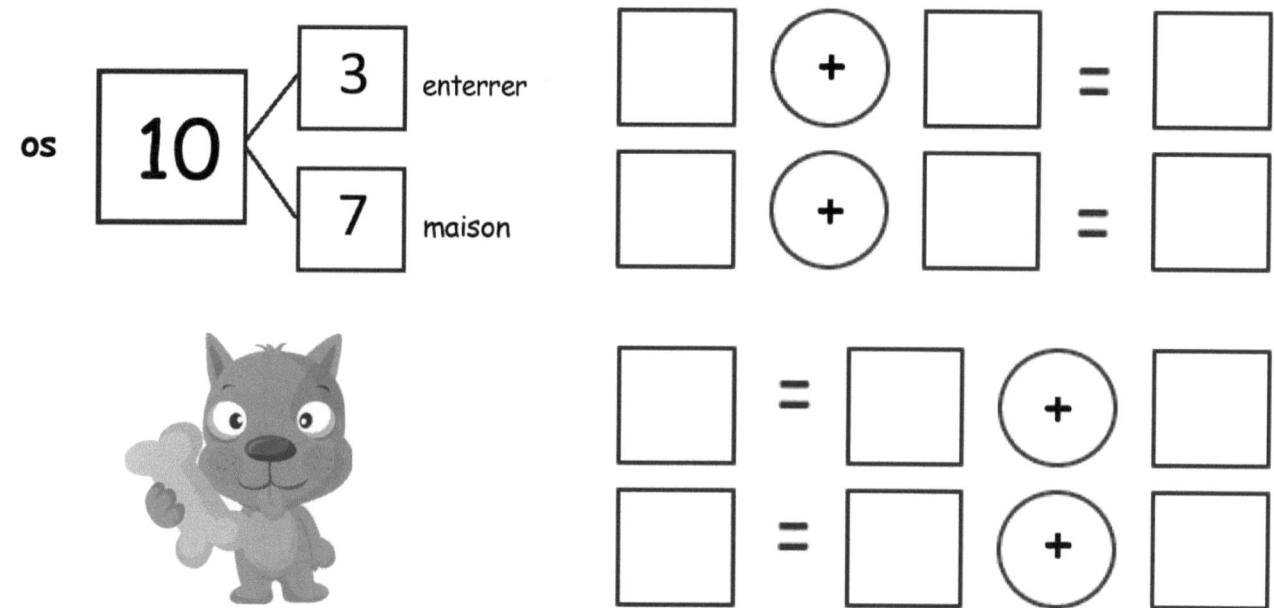

Leçon 8 : Représenter toutes les paires de nombres de 10 sous forme de liaisons numériques à partir d'un scénario donné et générer toutes les expressions égales à 10.

1. a. Utilise l'image pour raconter une histoire mathématique.

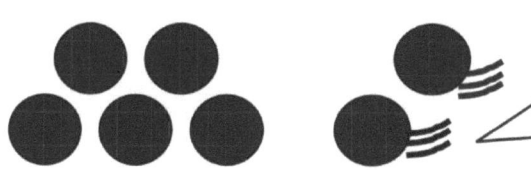

Il y avait 5 ballons.
2 autres ballons ont roulés vers les ballons.
Maintenant, il y a 7 ballons.

b. Écris une liaison numérique pour correspondre à ton histoire.

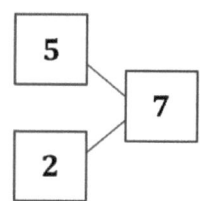

c. Écris une phrase numérique pour raconter l'histoire.

$5 + 2 = 7$

d. Il y a _7_ ballons.

2. Marcus a 5 blocs rouges et 3 blocs jaunes. Combien de blocs Marcus a-t-il en tout ?

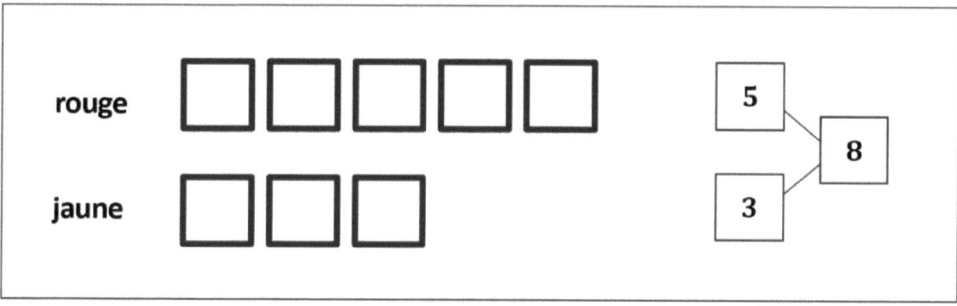

Je peux dessiner une image mathématique et une liaison numérique qui racontent l'histoire !

$5 + 3 = 8$    Marcus a _8_ blocs.

Ensuite, je peux répondre à la question avec une phrase numérique et une phrase verbale.

UNE HISTOIRE D'UNITÉS                                    Leçon 9 Devoirs    1•1

Nom _____    Date _____

1. Utilise l'image pour raconter une histoire mathématique.

Écris une liaison numérique pour correspondre à ton histoire.

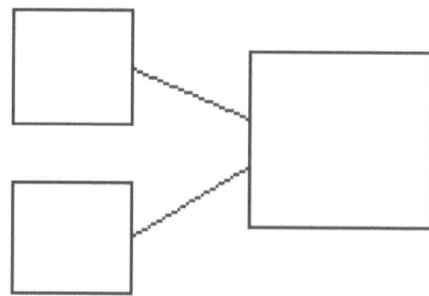

Écris une phrase numérique pour raconter l'histoire.

 +  =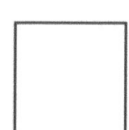

Il y a ____ requins.

---

2. Utilise l'image pour raconter une histoire mathématique.

Écris une liaison numérique pour correspondre à ton histoire.

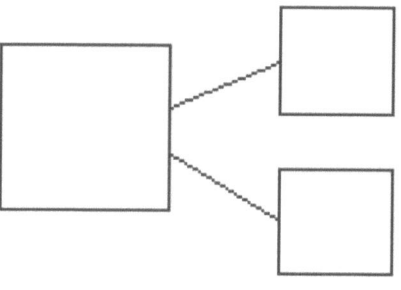

Écris une phrase numérique pour raconter l'histoire.

 =  +

Il y a ____ élèves.

Leçon 9 : Résoudre *l'addition avec un résultat inconnu* et *l'associer* à des histoires mathématiques *avec un résultat inconnu* en dessinant, en écrivant des équations et en énonçant la solution.

Dessine une image pour correspondre à l'histoire.

3. Jim a 4 gros chiens et 3 petits chiens. Combien de chiens Jim a-t-il en tout ?

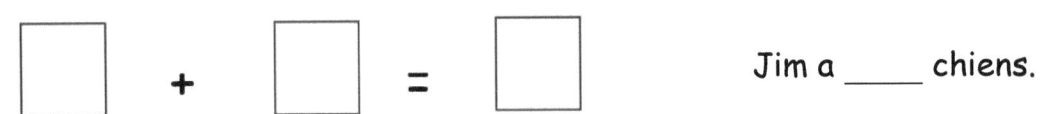

Jim a ____ chiens.

4. Liv joue au parc. Elle joue avec 3 filles et 6 garçons. Avec combien d'enfants joue-t-elle au parc ?

Liv joue avec ____ enfants.

1. a. Utilise tes cartes à 5 groupes pour résoudre le problème.
   b. Dessine l'autre carte à 5 groupes pour montrer ce que tu as fait.

2. Kira a 3 chats et 4 chiens. Dessine une image pour montrer combien d'animaux de compagnie elle a.

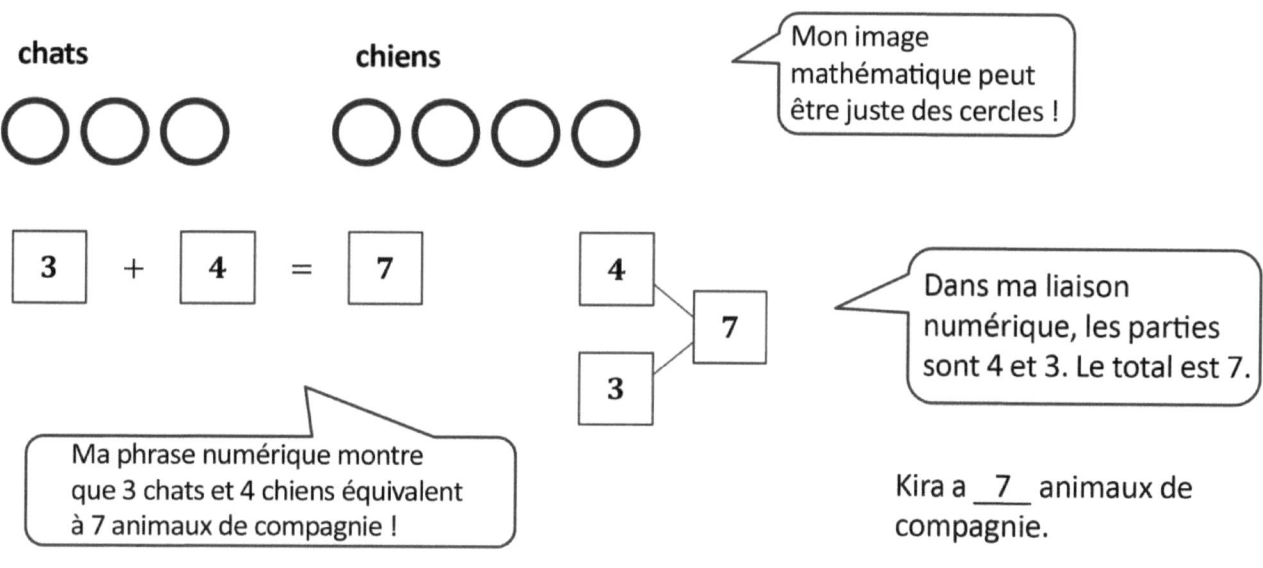

Kira a __7__ animaux de compagnie.

UNE HISTOIRE D'UNITÉS                                    Leçon 10 Devoirs   1•1

Nom _____     Date _____

1. Utilise tes cartes à groupes de 5 pour résoudre le problème.

Dessine l'autre carte à 5 groupes pour montrer ce que tu as fait.

 + 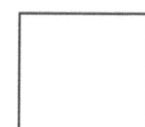 = ☐

---

2. Utilise tes cartes à groupes de 5 pour résoudre le problème.

   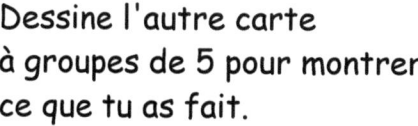

Dessine l'autre carte à groupes de 5 pour montrer ce que tu as fait.

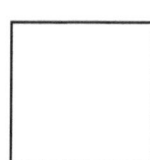 = 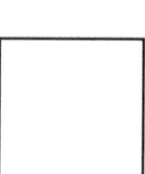 +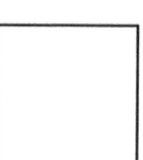

Leçon 10 :  Résoudre des histoires mathématiques *à résultat inconnu* en dessinant et à l'aide de cartes à groupes de 5.

UNE HISTOIRE D'UNITÉS  Leçon 10 Devoirs  1•1

3. Il y a 4 grands garçons et 5 petits garçons. Dessine pour montrer combien il y a de garçons en tout.

Il y a ____ garçons au total.

Écris une phrase numérique pour montrer ce que tu as fait.

 +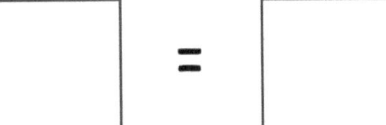

Écris une liaison numérique pour correspondre à l'histoire.

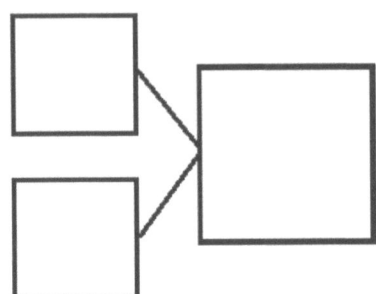

---

4. Il y a 3 filles et 5 garçons. Dessine pour montrer combien il y a d'enfants en tout.

Il y a ____ enfants au total.

Écris une phrase numérique pour montrer ce que tu as fait.

 + 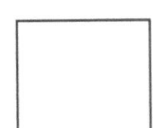 =

Écris une liaison numérique pour correspondre à l'histoire.

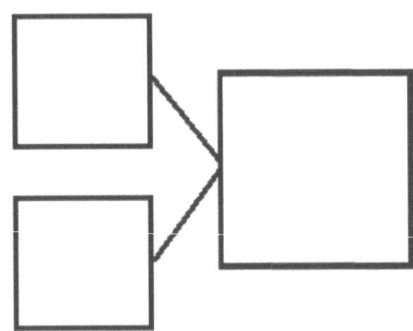

| 0 | 1 | 2 | 3 |
| 4 | 5 | <u>6</u> | 7 |
| 8 | <u>9</u> | 10 | 10 |
|   | 10 | 5 | 5 |

Cartes à groupes de 5 - de la leçon 5

Leçon 10 : Résoudre des histoires mathématiques *à résultat inconnu* en dessinant et à l'aide des cartes à groupes de 5.

UNE HISTOIRE D'UNITÉS    Leçon 10 Modèle 1    1•1

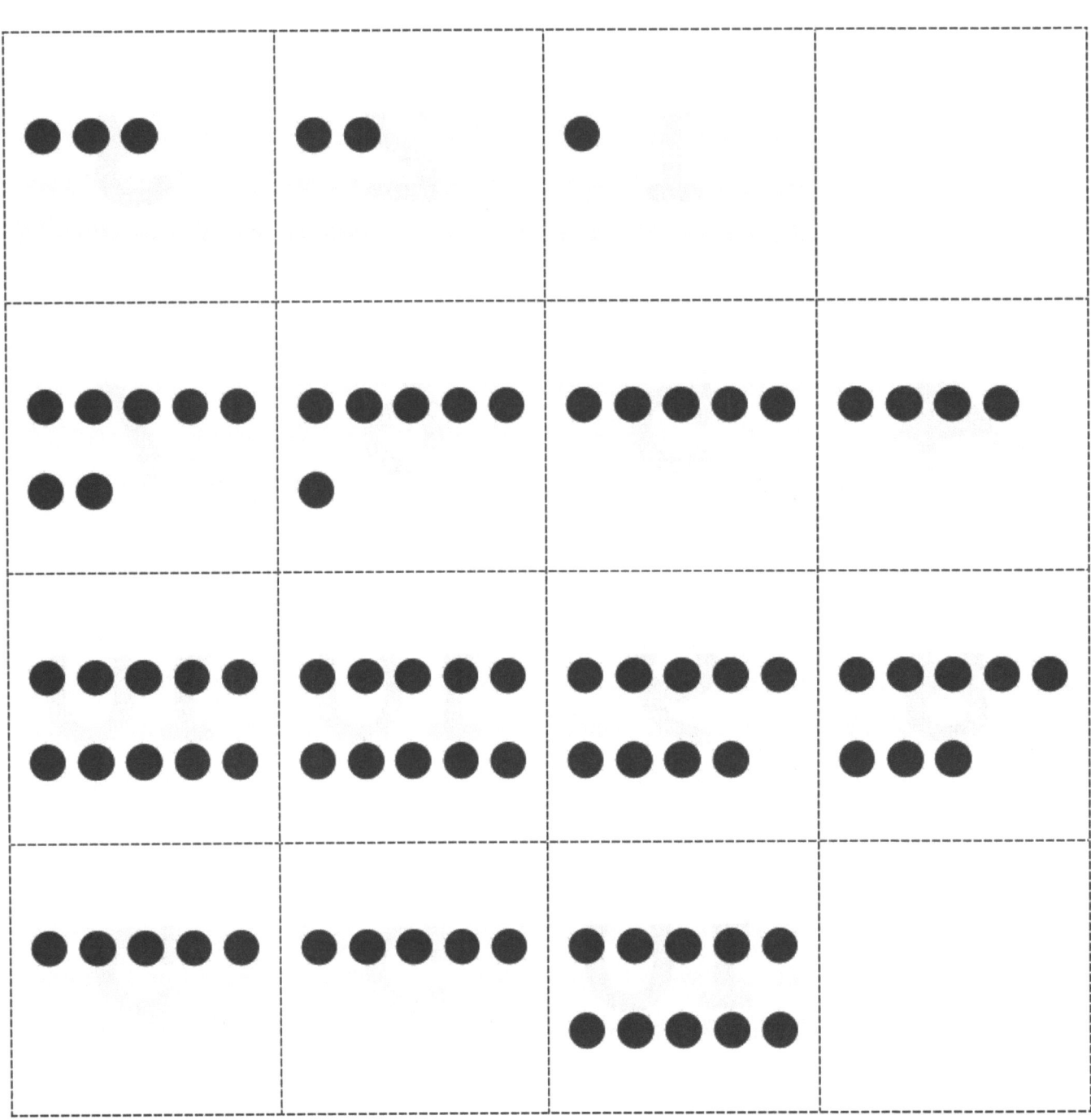

Cartes à groupes de 5, côté à points - de la leçon 5

Leçon 10 : Résoudre des histoires mathématiques *à résultat inconnu* en dessinant et à l'aide des cartes à groupes de 5.

1. Utilise les cartes à groupes de 5 pour compter pour trouver le nombre manquant dans les phrases numériques.

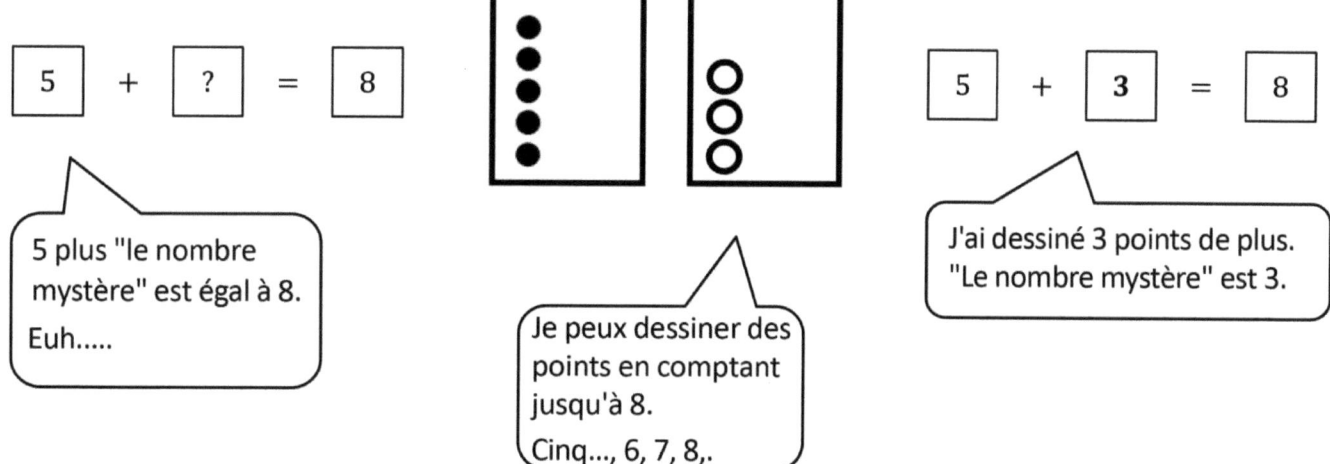

2. Fais correspondre la phrase numérique à l'histoire mathématique. Dessine une image ou utilise tes cartes à groupes de 5 pour résoudre.

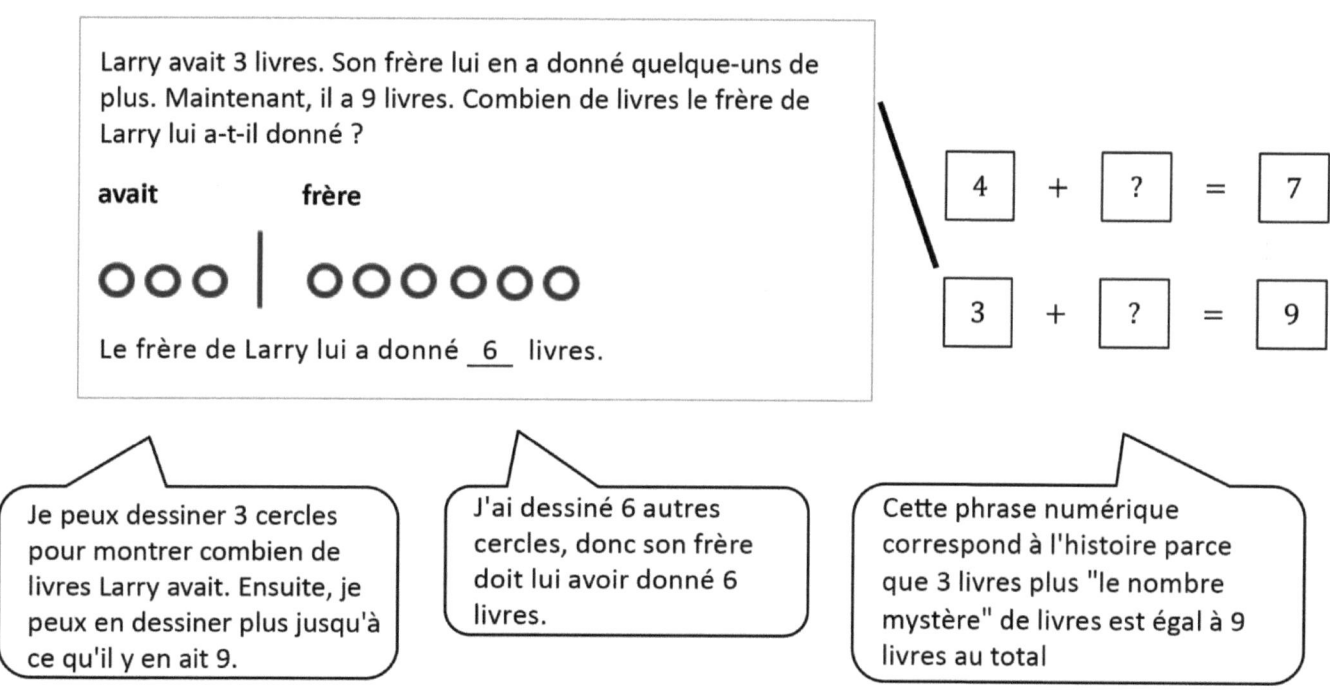

Nom _____   Date _____

1. Utilise les cartes à groupes de 5 pour compter afin de trouver le nombre manquant dans les phrases numériques.

a. 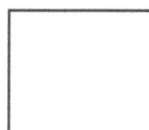 + ☐ =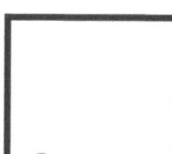

b. 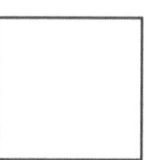 = 5 + ☐

c.  = 7 + ☐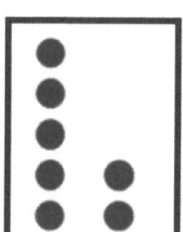

d. 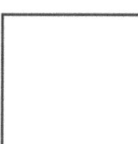 = ☐ + 9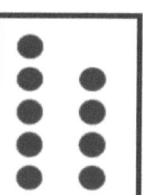

UNE HISTOIRE D'UNITÉS                                    Leçon 11 Devoirs  1•1

2. Fais correspondre la phrase numérique à l'histoire mathématique. Dessine une image ou utilise tes cartes à groupes de 5 pour résoudre.

a. Scott a 3 biscuits. Sa maman lui en donne plus. Maintenant, il a 8 biscuits. Combien de biscuits sa maman lui a-t-elle donnés ?

La maman de Scott lui a donné ___ biscuits.

$6 + ? = 9$

$3 + ? = 8$

b. Kim voit 6 oiseaux dans l'arbre. D'autres oiseaux arrivent. Kim voit maintenant 9 oiseaux dans l'arbre. Combien d'oiseaux ont volé vers l'arbre ?

____ oiseaux ont volé vers l'arbre.

$4 + ? = 8$

Leçon 11 : Résoudre l'addition avec des histoires mathématiques avec des changements inconnus en tant que contexte pour compter en dessinant, en écrivant des équations et en énonçant la solution.

1. Utilise tes cartes à groupes de 5 pour compter afin de trouver le nombre manquant dans les phrases numériques.

   $5 + ? = 9$

   Le nombre mystère est $4$.

   > Je peux *compter* à partir de 5 pour trouver le nombre mystère. Cinq…, 6, 7, 8, 9. J'en ai compté 4 de plus, donc le nombre mystère est 4.

2. Shana avait 5 chapeaux. Elle en a ensuite acheté d'autres.
   Elle a maintenant 8 chapeaux. Combien de chapeaux a-t-elle achetés ?

   > 5 plus "le nombre mystère" est égal à 8. Euh…..

   > Je peux commencer à 5 et dessiner des points alors que je *compte* jusqu'à 8. Cinq…, 6, 7, 8.

   $5 + 3 = 8$

   > J'ai dessiné 3 points de plus. Le "nombre mystère" est 3.

   Shana a acheté __3__ chapeaux.

UNE HISTOIRE D'UNITÉS          Leçon 12 Aide aux devoirs    1•1

Nom _____    Date _____

Utilise tes cartes à groupes de 5 pour compter afin de trouver le nombre manquant dans les phrases numériques.

1. $\boxed{5} + \boxed{?} = \boxed{7}$

   Le nombre mystère est $\boxed{\phantom{0}}$

2. $\boxed{2} + \boxed{?} = \boxed{8}$

   Le nombre mystère est $\boxed{\phantom{0}}$

3. $\boxed{6} + \boxed{?} = \boxed{9}$

   Le nombre mystère est $\boxed{\phantom{0}}$

EUREKA MATH

Leçon 12 : Résoudre *l'addition avec* des histoires mathématiques *avec des changements inconnus* en utilisant des cartes à groupes de 5.

| UNE HISTOIRE D'UNITÉS | Leçon 12 Devoirs | 1•1 |

 Utilise tes cartes à groupes de 5 pour compter et résoudre les histoires mathématiques. Utilise les cases pour montrer tes cartes à groupes de 5.

4. Jack lit 4 livres lundi. Il en lit quelques uns de plus mardi. Il lit 7 livres au total. Combien de livres Jack a-t-il lu mardi ?

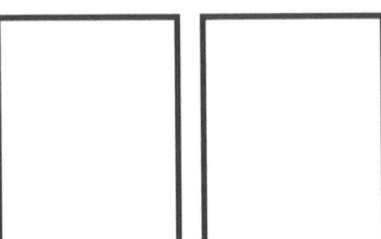   

Jack lit ____ livres mardi.

5. Kate a 1 sœur et quelques frères. Elle a 7 frères et sœurs en tout. Combien de frères Kate a-t-elle ?

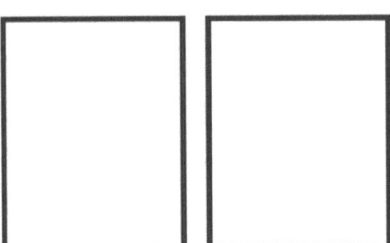   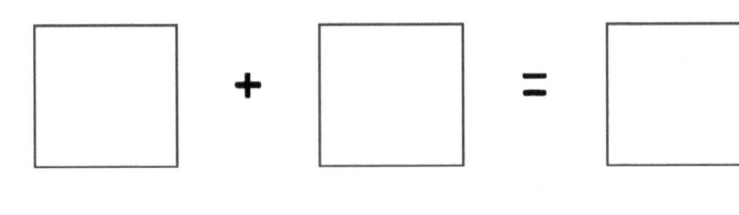

Kate a ____ frères.

6. Il y a 6 chiens dans le parc et quelques chats. Il y a au total 9 chiens et chats dans le parc. Combien de chats y a-t-il dans le parc ?

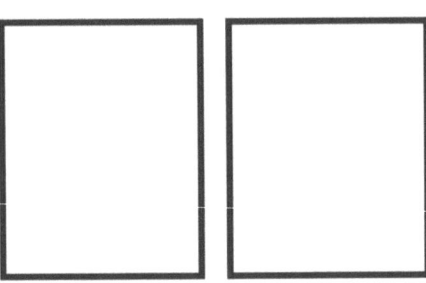   

Il y a ____ chats au total.

UNE HISTOIRE D'UNITÉS — Leçon 13 Aide aux devoirs 1•1

Utilise les phrases numériques pour dessiner une image, puis remplis la liaison numérique pour montrer une histoire mathématique.

1. $3 + 3 = 6$

Euh... Quelle histoire pourrais-je raconter pour correspondre à la phrase numérique 3 + 3 = 6 ?

J'ai une idée ! J'ai préparé 3 biscuits ronds et 3 biscuits en forme de cœur. J'ai préparé 6 biscuits au total. Je peux dessiner les biscuits pour montrer mon histoire.

Je peux créer une liaison numérique pour correspondre à mon histoire !

2. $4 + ? = 6$

Euh... ce problème a un nombre mystère. Je connais une histoire qui correspond ! Mon frère avait 4 billes. Puis il a trouvé d'autres billes sous le canapé. Maintenant, il a 6 billes. Combien de billes a-t-il trouvé ?

Je peux dessiner 4 cercles pour les billes qu'il avait. Puis, je peux dessiner quelques cercles supplémentaires jusqu'à ce que j'aie 6 billes.

Leçon 13 : Montrer *l'ensemble avec un résultat inconnu, ajouter à un résultat inconnu et ajouter à des* histoires *avec des changements inconnus à partir des équations.*

Nom _____ Date _____

Utilise les phrases numériques pour dessiner une image, et remplis la liaison numérique pour montrer une histoire mathématique.

1. 5 + 2 = 7

 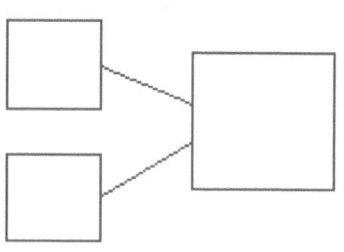

2. 3 + 6 = 9

 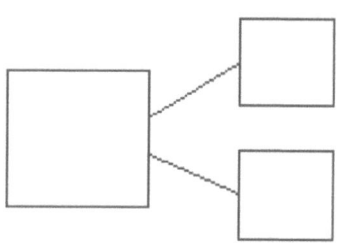

3. 7 + ? = 9

 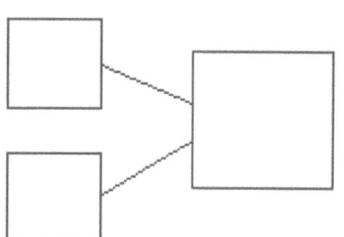

Leçon 13 : Montrer *l'ensemble avec un résultat inconnu, ajouter à un résultat inconnu et ajouter à* des histoires *avec des changements inconnus* à partir des équations.

Compte pour ajouter.

Pour additionner 6 + 2, je n'ai pas besoin de compter tous mes doigts. Je peux juste commencer à 6 et *compter* 2 doigts de plus !

Six...

..., 7,8

Écris ce que tu dis pendant que tu comptes.

6, ..., 7,8

a.  $6 + 2 = 8$

Il y a 2 nombres manquants pour ce problème. Je peux inventer ma propre façon de *compter* pour ce problème !

Cinq...

...6,7,8.

5, ...6,7,8

b.  $8 = 5 + 3$

**Leçon 14 :** Compter jusqu'à 3 autres en utilisant des chiffres et des cartes à groupes de 5 et ses doigts pour suivre le changement.

UNE HISTOIRE D'UNITÉS　　　　　　　　　　　　　　　Leçon 14 Devoirs　1•1

Nom _____　　　　Date _____

Compte pour ajouter.

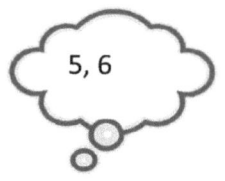

a.　 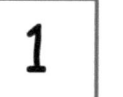  =

Écris ce que tu dis pendant que tu comptes.

b.　  =

c.　7 + 2 = ☐　

d.　☐ = 6 + 3　

e.　☐ = 7 + ☐　

Leçon 14 : Compter jusqu'à 3 autres en utilisant des chiffres et des cartes à groupes de 5 et ses doigts pour suivre le changement.

Utilise tes cartes à groupes de 5 ou tes doigts pour compter et résoudre.

1.

$\boxed{5} + \boxed{2} = \boxed{7}$

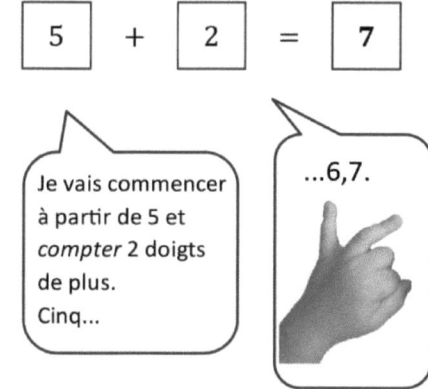

Affiche le raccourci que tu as utilisé pour ajouter.

$\boxed{5} + \boxed{2} = \boxed{7}$

J'ai utilisé mes doigts comme raccourci, je vais donc les dessiner

2.

$\boxed{6} + \boxed{3} = \boxed{9}$

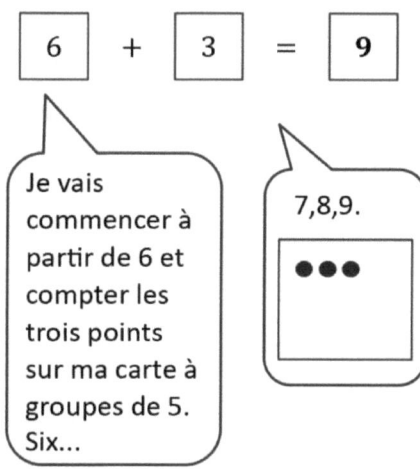

Affiche le raccourci que tu as utilisé pour ajouter.

$\boxed{6} + \boxed{3} = \boxed{9}$

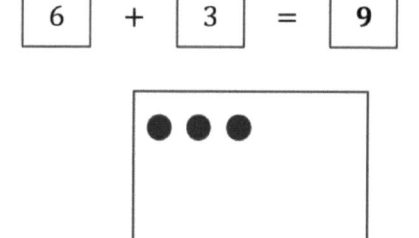

J'ai utilisé mes cartes à groupes de 5 comme raccourci. Je peux dessiner la carte.

Leçon 15 : Compter jusqu'à 3 autres en utilisant des chiffres et des cartes à groupes de 5 et ses doigts pour suivre le changement.

Nom _____   Date _____

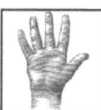  Utilise tes cartes à groupes de 5 ou tes doigts pour compter et résoudre.

Montre le raccourci que tu as utilisé pour ajouter.

1. 5 + 3 = ☐

6 + 2 = ☐

2. 6 + 2 = ☐

3. 7 + 3 = ☐

Montre la stratégie que tu as utilisée pour ajouter.

4. ☐ = 8 + 2

☐ = 7 + 2

5. ☐ = 6 + 3

6. ☐ = 7 + 2

**Leçon 15 :** Compter jusqu'à 3 autres en utilisant des chiffres et des cartes à groupes de 5 et ses doigts pour suivre le changement.

1. Utilise des dessins mathématiques simples. Fais un dessin pour montrer $6 + ? = 9$.

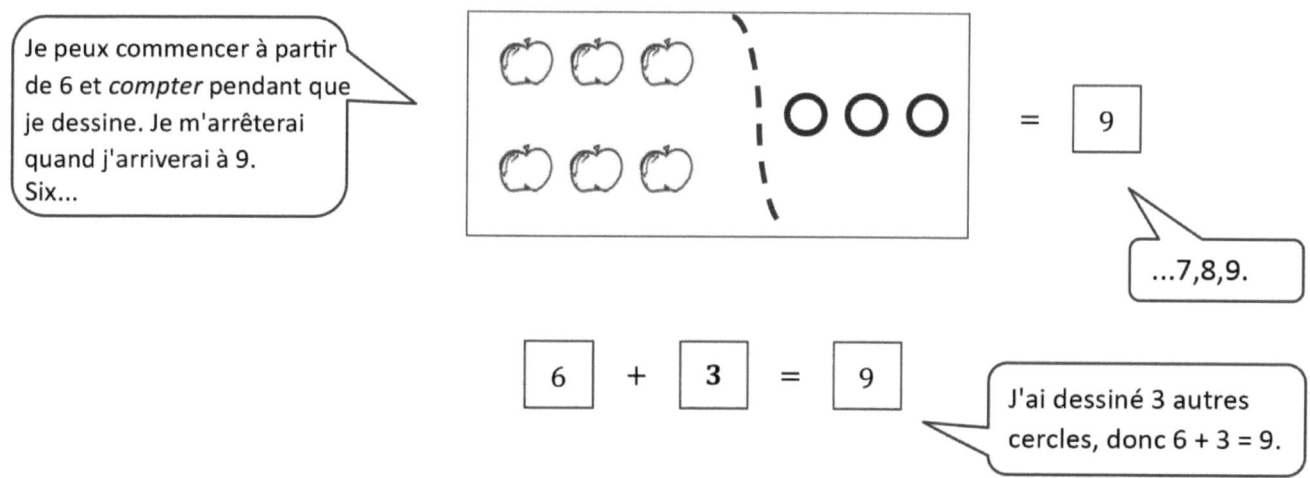

2. Utilise tes cartes à groupes de 5 pour résoudre $4 + ?= 6$.

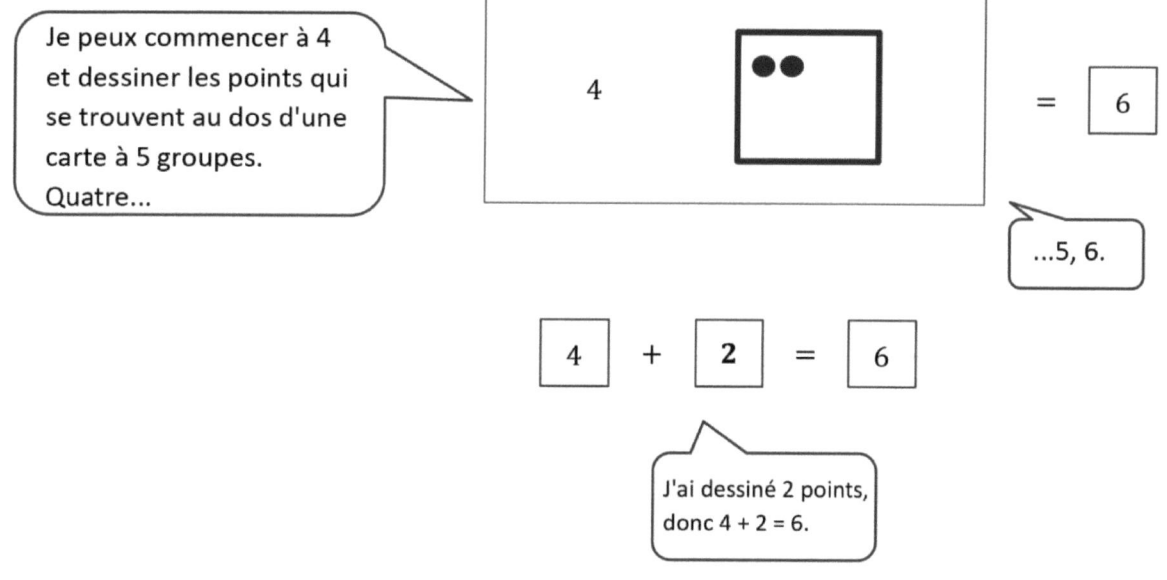

Nom _____  Date _____

1. Utilise des dessins mathématiques simples. Dessines-en d'autres pour résoudre 4 + ? = 6.

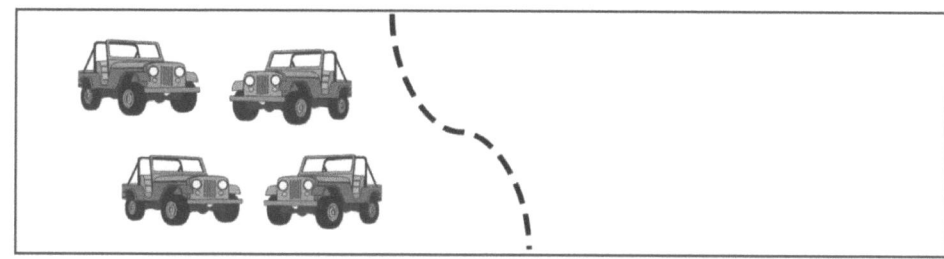

4 +  = 6

2. Utilise tes cartes à groupes de 5 pour résoudre 6 + ?= 8.

| 6 | = 8 |

6 +  = 8

3. Compte pour résoudre 7 + ?= 10.

7 + 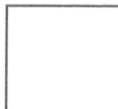 = 10

Leçon 16 : Compter pour trouver la partie inconnue dans les termes d'équation manquants tels que 6 + ___ = 9. Répondre à, "Combien de plus pour en faire 6, 7, 8, 9 et 10 ?"

1. Relie les dominos égaux. Ensuite, écris des vraies phrases numériques.

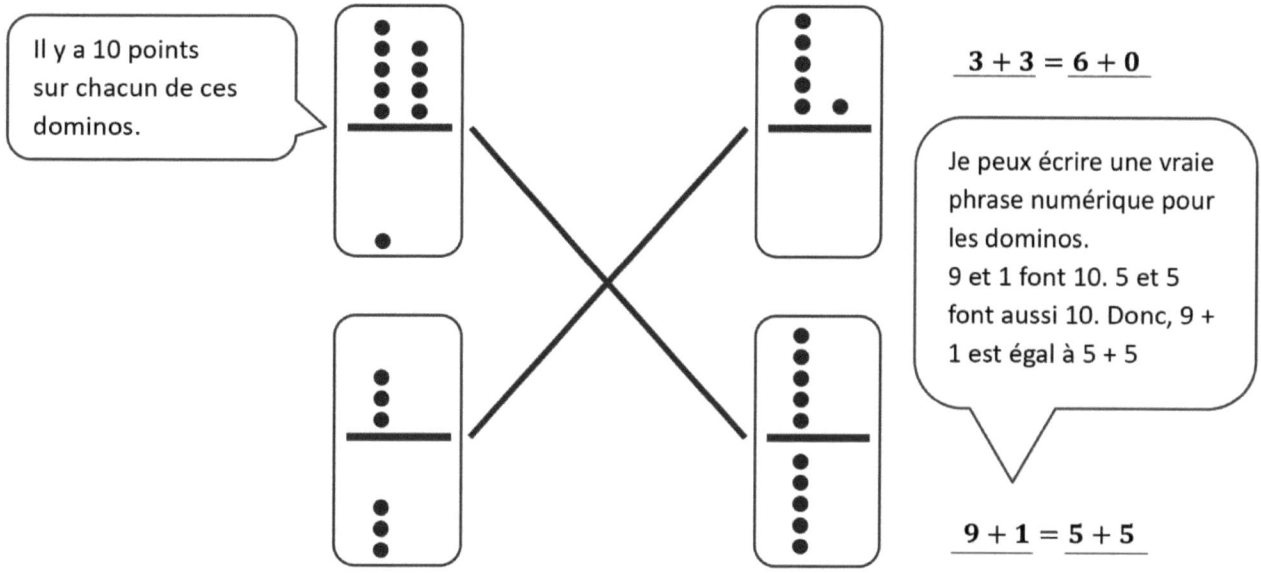

$\underline{3+3} = \underline{6+0}$

Il y a 10 points sur chacun de ces dominos.

Je peux écrire une vraie phrase numérique pour les dominos.
9 et 1 font 10. 5 et 5 font aussi 10. Donc, 9 + 1 est égal à 5 + 5

$\underline{9+1} = \underline{5+5}$

2. Trouve les expressions qui sont égales. Utilise les expressions égales pour écrire de vraies phrases numériques.

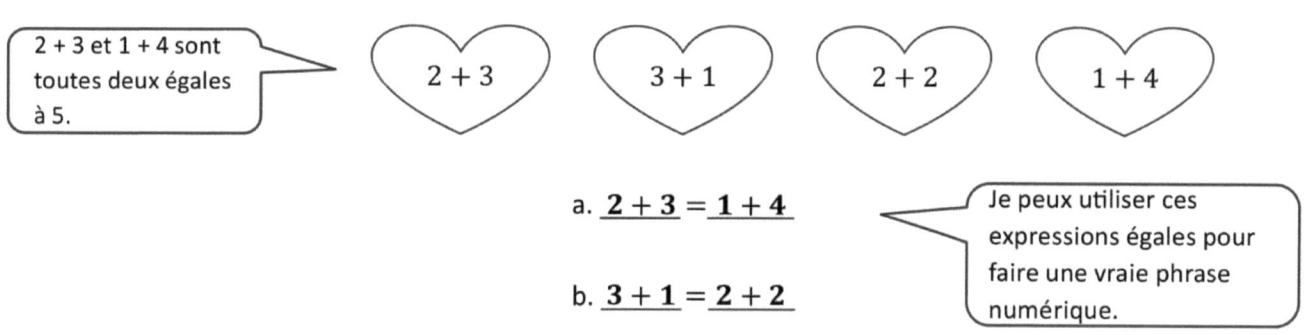

2 + 3 et 1 + 4 sont toutes deux égales à 5.

a. $\underline{2+3} = \underline{1+4}$

b. $\underline{3+1} = \underline{2+2}$

Je peux utiliser ces expressions égales pour faire une vraie phrase numérique.

UNE HISTOIRE D'UNITÉS  Leçon 17 Devoirs 1•1

Nom _____ Date _____

1. Relie les dominos égaux. Ensuite, écris des vraies phrases numériques.

a.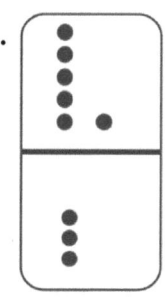

b.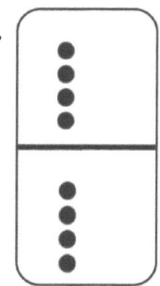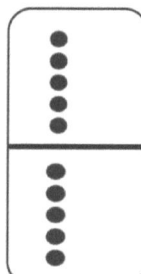

_____  _____

c.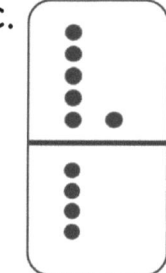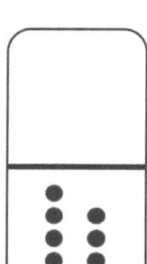

_____  _____

2. Trouve les expressions qui sont égales. Utilise les expressions égales pour écrire de vraies phrases numériques.

a. _____   _____

b. _____   _____

Leçon 17 : Comprendre la signification du signe égal en associant des expressions équivalentes et en construisant des vraies phrases numériques.

1. Les images ci-dessous ne sont pas égales. Fais les images égales, et écris une vraie phrase numérique.

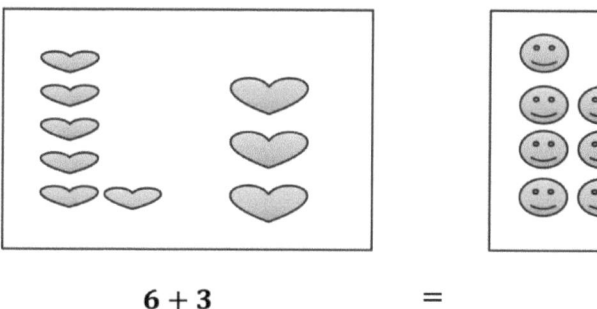

___ 6 + 3 ___ = ___ 7 + 2 ___

> Je sais que 6 + 3 est égal à 9. Je peux compter 7 visages souriants. Si je dessine 2 autres visages souriants, je peux faire une vraie phrase numérique car 7 + 2 est également égal à 9.

2. Encercle la/les vraie(s) phrase(s) numérique(s) et réécris les fausses phrases pour les rendre vraies.

(6 + 0 = 4 + 2)          5 + 1 = 6 + 1

_____              5 + 2 = 6 + 1

> Je sais que 5 + 1 est égal à 6 et 6 + 1 est égal à 7. 6 n'est pas égal à 7. Je peux rendre cette phrase numérique vraie en changeant 5 + 1 en 5 + 2 pour qu'elle soit égale à 7.

3. Trouve les parties manquantes pour rendre les phrases numériques vraies.

7 + 1 = 4 + __4__                    4 + 3 = __5__ + 2

> Je sais que 7 + 1 est égal à 8. Donc, l'autre côté doit également être égal à 8 pour que ce soit une vraie phrase numérique. Je connais mes doubles : 4 + 4 = 8. La partie manquante est 4.

Leçon 18 : Comprendre la signification du signe égal en associant des expressions équivalentes et en construisant des vraies phrases numériques.

Nom _____ Date _____

1. Les images ci-dessous ne sont pas égales. Fais les images égales, et écris une vraie phrase numérique.

_____     _____

2. Encercle les vraies phrases numériques et réécris les fausses phrases pour les rendre vraies.

a. 4 = 4

b. 5 + 1 = 6 + 1

c. 3 + 2 = 5 + 0

d. 6 + 2 = 4 + 4

e. 3 + 3 = 6 + 2

f. 9 + 0 = 7 + 2

g. 4 + 3 = 2 + 4

h. 8 = 8 + 0

i. 6 + 3 = 5 + 4

Leçon 18 : Comprendre la signification du signe égal en associant des expressions équivalentes et en construisant des vraies phrases numériques.

UNE HISTOIRE D'UNITÉS

Leçon 18 Devoirs  1•1

3. Trouve la partie manquante pour rendre les phrases numériques vraies.

a.
8 + 0 = ___ + 4

b.
7 + 2 = 9 + ___

c.
5 + 2 = 4 + ___

d.
5 + ___ = 6 + 0

e.
6 + ___ = 4 + 3

f.
5 + 4 = ___ + 3

1. Utilise l'image pour écrire une liaison numérique. Ensuite, écris les phrases numériques correspondantes.

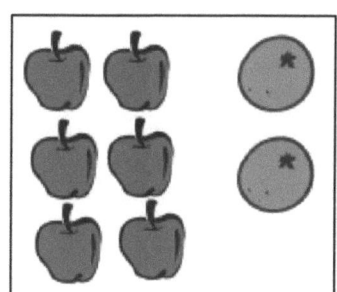 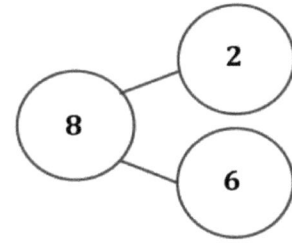

$\underline{2} + \underline{6} = \underline{8}$

$\underline{6} + \underline{2} = \underline{8}$

> Je peux ajouter dans n'importe quel ordre, mais il est plus facile de commencer à 6 et de compter 2 de plus. Six, sept, huit ! J'adore la stratégie de compter !

2. Écris les phrases numériques pour faire correspondre les liaisons numériques.

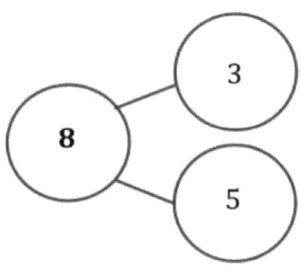

$\underline{3} + \underline{5} = \underline{8}$

$\underline{5} + \underline{3} = \underline{8}$

> Pour les deux phrases numériques, les parties sont 3 et 5, et le total est 8. L'ordre des termes n'a pas d'importance lorsque je résous.

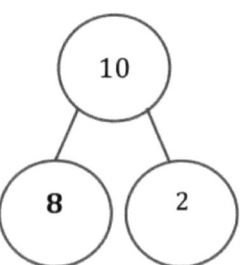

$\underline{8} + \underline{2} = \underline{10}$

$\underline{2} + \underline{8} = \underline{10}$

> Puisque 10 est le total et une partie est 2, je sais que l'autre partie doit être 8. Je connais mes partenaires jusqu'à 10, et je peux les ajouter dans n'importe quel ordre, 8 + 2 ou 2 + 8.

Leçon 19 : Représenter le même scénario d'histoire avec des nombres à ajouter repositionnés (la propriété commutative).

Nom _____ Date _____

1. Utilise l'image pour écrire une liaison numérique. Ensuite, écris les phrases numériques correspondantes.

 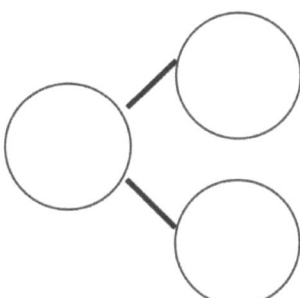

_____ + _____ = _____

_____ + _____ = _____

2. Écris les phrases numériques pour faire correspondre les liaisons numériques.

a.

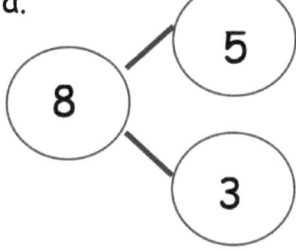

_____ + _____ = _____

_____ + _____ = _____

b.

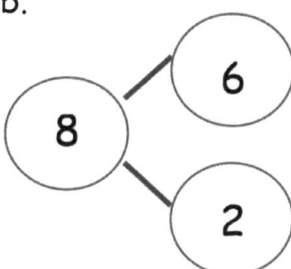

_____ = _____ + _____

_____ = _____ + _____

Leçon 19 : Représenter le même scénario d'histoire avec des nombres à ajouter repositionnés (la propriété commutative).

c.

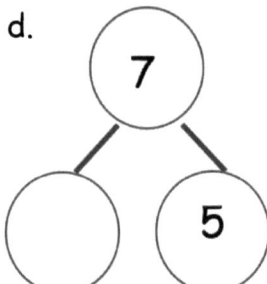

_____ + _____ = _____

_____ + _____ = _____

d.

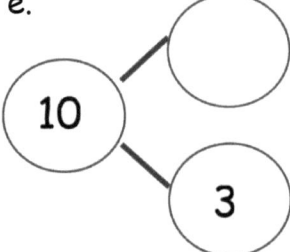

_____ + _____ = _____

_____ + _____ = _____

e.

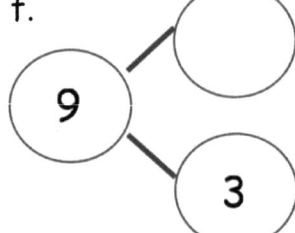

_____ = _____ + _____

_____ = _____ + _____

f.

_____ + _____ = _____

_____ + _____ = _____

1. Colorie la plus grande partie et complète la liaison numérique. Écris la phrase numérique, en commençant par la plus grande partie.

  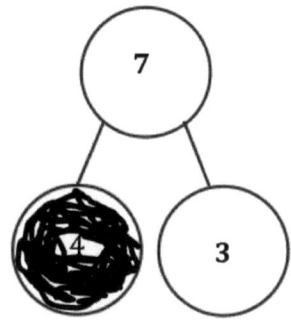

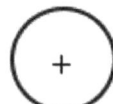 + 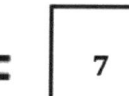 = 7

> 4 + 3 est la même somme que 3 + 4. C'est beaucoup plus rapide pour moi de compter à partir du plus grand nombre à ajouter : quatre, cinq, six, sept.

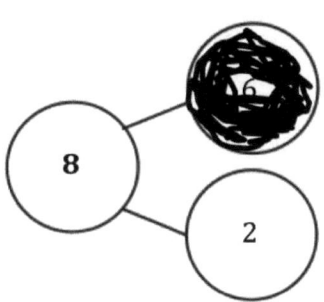

_6_ + _2_ = _8_

> Quand je commence avec le plus grand terme, 6, je ne compte pas autant : six, sept, huit !

Leçon 20 : Appliquer la propriété commutative pour compter à partir d'un plus grand terme.

UNE HISTOIRE D'UNITÉS                                   Leçon 20 Devoirs   1•1

Nom _____   Date _____

Colorie la plus grande partie et complète la liaison numérique.
Écris la phrase numérique, en commençant par la plus grande partie.

1.

2.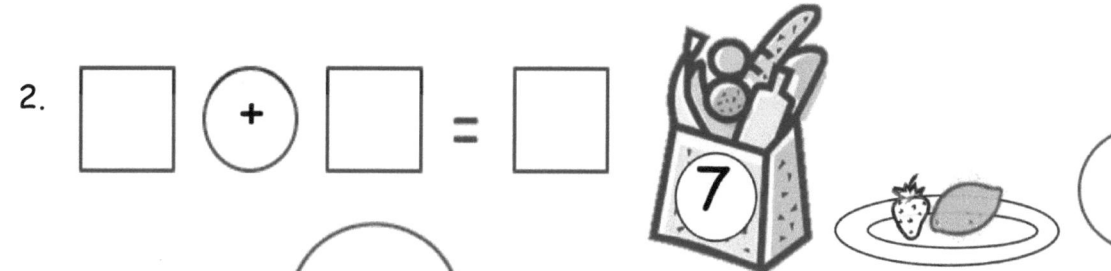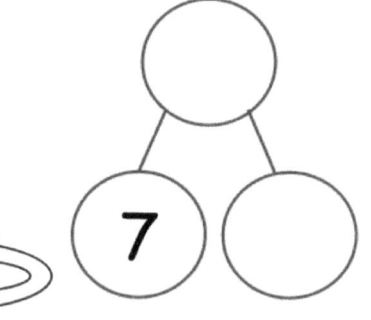

3.

4.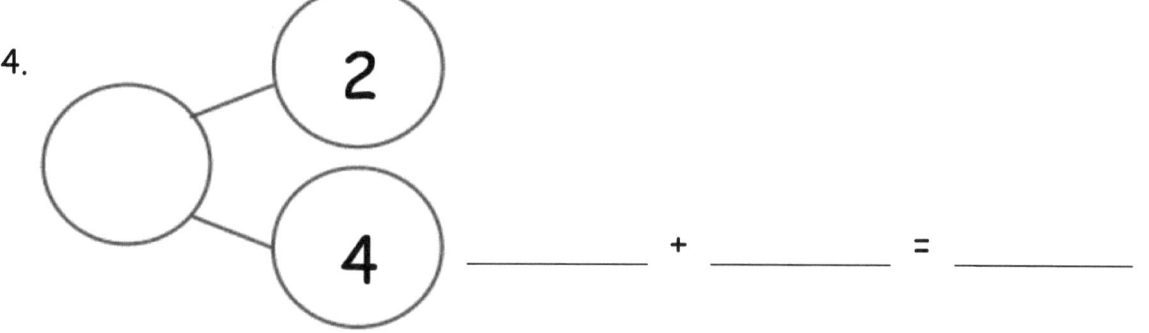

Leçon 20 : Appliquer la propriété commutative pour compter à partir d'un plus grand terme.

85

5.

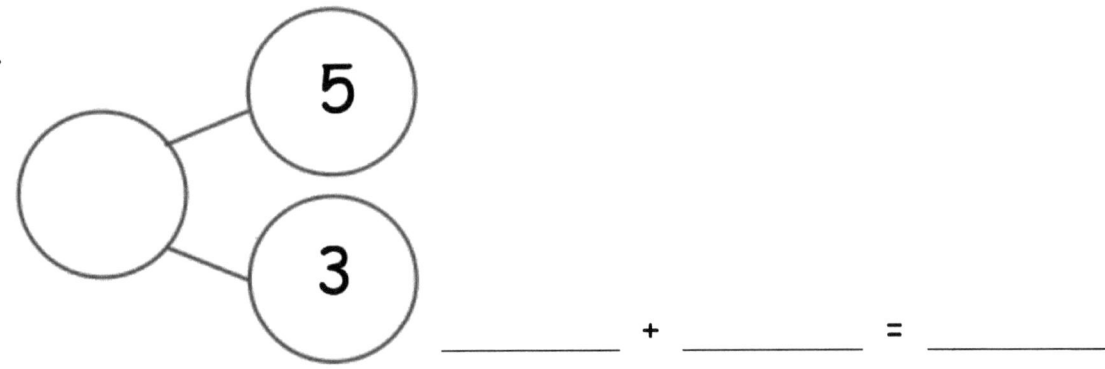

_____ + _____ = _____

6.

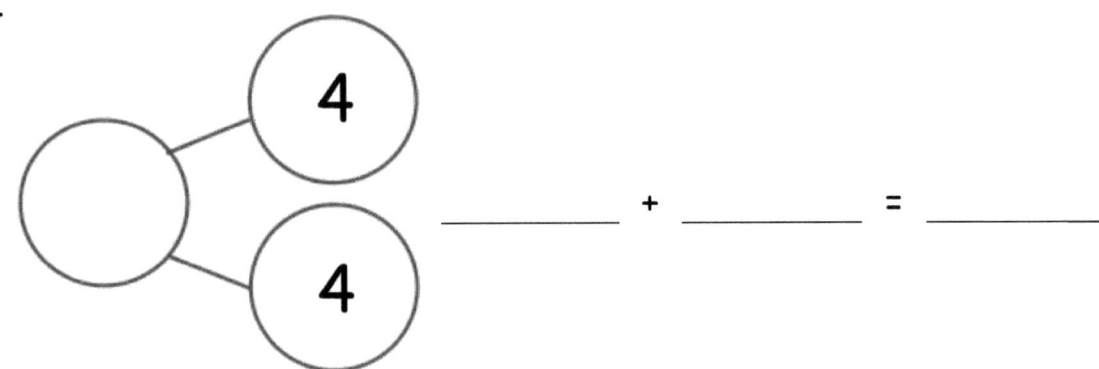

_____ + _____ = _____

7.

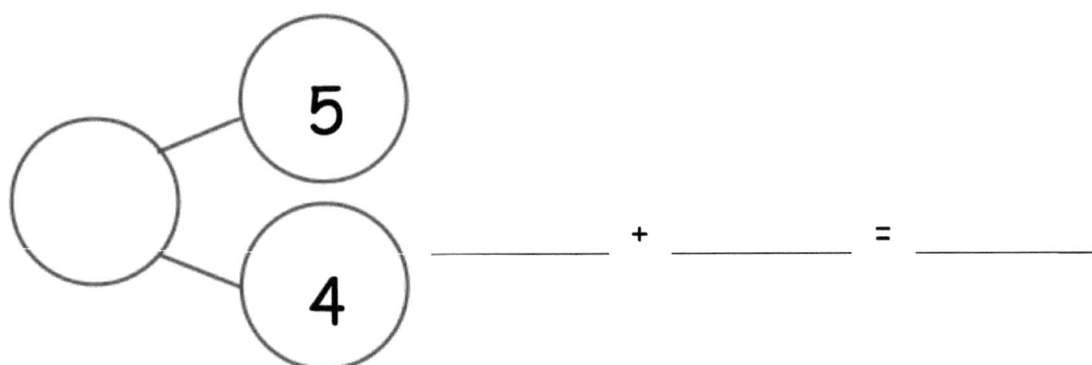

_____ + _____ = _____

1. Dessine la carte à groupes de 5 pour montrer un double. Écris la phrase numérique correspondant à la carte.

   | 4 |
   |---|
   | 4 |

   > Je peux ajouter le même nombre deux fois, comme 4 + 4 = 8. C'est ce qu'on appelle doubler, je peux imaginer montrer les doigts de mes deux mains simultanément dans ma tête... 4 et 4 font 8.

   $4 + 4 = 8$

2. Remplis la carte à groupes de 5 du plus petit au plus grand, double le nombre et écris les phrases numériques.

   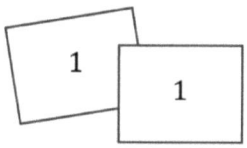  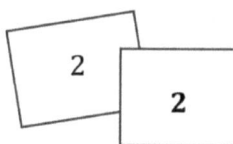

   > Je connais mes doubles : 1 + 1 = 2. 2 + 2 = 4. Le suivant serait 3 + 3 = 6. C'est comme compter de 2 en 2 : 2, 4, 6.

   $1 + 1 = 2$     $2 + 2 = 4$

3. Relie les cartes du haut avec les cartes du bas pour afficher les doubles plus 1.

   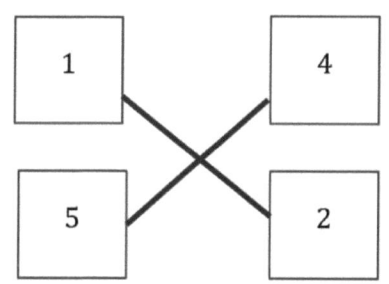

   > Puisque je sais que 4 + 4 = 8, je connais aussi mes doubles plus 1, 4 + 5 = 9. Je peux imaginer les cartes à groupes de 5 pour m'aider à résoudre. Le double fait plus 1 n'a qu'un point de plus !

4. Résous la phrase numérique. Écris le double qui t'a aidé à résoudre le double plus 1.

   $3 + \underline{4} = 7$

   $3 + 3 = 6$

   > 3 + 4 est lié à 3 + 3 car il y a des doubles et on y ajoute 1 de plus. Il y a un double qui se cache dans 3 + 4.

UNE HISTOIRE D'UNITÉS  Leçon 21 Devoirs 1•1

Nom _____ Date _____

1. Dessine la carte à groupes de 5 pour montrer un double. Écris la phrase numérique correspondant aux cartes.

   a. 4 / ☐

   b. ☐ / 3

   c. 5 / ☐

   _____   _____   _____

2. Remplis la carte à groupes de 5 du plus petit au plus grand, double le nombre et écris les phrases numériques.

   a.

   b.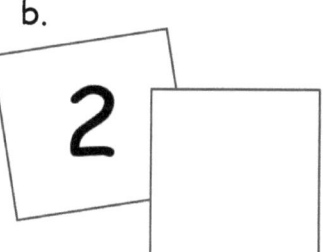

   c.

   _____   _____   _____

   d.

   e.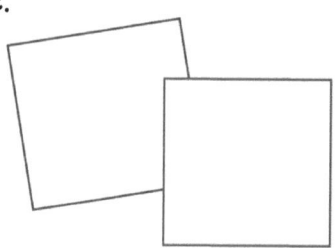

   _____   _____

Leçon 21 : Visualiser et résoudre les doubles et les doubles plus 1 avec des cartes à groupes de 5.

3. Résous les phrases numériques.

a. 3 + 3 = \_\_\_

b. 5 + \_\_\_ = 10

c. 1 + \_\_\_ = 2

d. 4 = \_\_\_ + 2

e. 8 = 4 + \_\_\_

4. Relie les cartes du haut avec les cartes du bas pour afficher les doubles plus 1.

a. 1   b. 4   c. 3   d. 2

5   2   3   4

5. Résous les phrases numériques. Écris le double qui t'a aidé à résoudre le double plus 1.

a. 2 + 3 = \_\_\_

b. 3 + \_\_\_ = 7

c. 4 + \_\_\_ = 9

UNE HISTOIRE D'UNITÉS      Leçon 22 Aide aux devoirs

 Résous les problèmes sans tout compter. Colorie les cases à l'aide de la légende.

Étape 1 : Colorie bleu (B) les problèmes avec «+ 1» ou «1 +».
Étape 2 : Colorie vert (G) les problèmes restants avec «+ 2» ou «2 +».
Étape 3 : Colorie jaune (Y) les problèmes restants avec «+ 3» ou «3 +».

| a.    B $8 + 1 = \underline{9}$ | b.    B $9 + \underline{1} = 10$ | c.    Y $3 + 5 = \underline{8}$ | d.    Y $5 + 3 = \underline{8}$ |
|---|---|---|---|
| e.    G $6 + \underline{2} = 8$ | f.    Y $4 + \underline{3} = 7$ | g.    B $6 + 1 = \underline{7}$ | h.    G $\underline{2} + 8 = 10$ |

Dans les parties c et d, c'est comme lorsque nous avons ajouté dans un ordre différent. Le total est le même !

Dans les parties a et b, je peux ajouter 1 à chaque fois, et le total augmente de 1. C'est juste le prochain nombre à compter !

Dans les parties e et h, je peux penser à compter de 2 en 2 à chaque fois.

Leçon 22 : Rechercher et utiliser le raisonnement répété sur le tableau d'addition en résolvant et en analysant les problèmes avec les termes courants.

UNE HISTOIRE D'UNITÉS  Leçon 22 Devoirs 1•1

Nom _____ Date _____

 Résous les problèmes sans tout compter. Colorie les cases à l'aide de la légende.

Étape 1 : Colorie bleu les problèmes avec «+ 1» ou «1 +».
Étape 2 : Colorie vert les problèmes restants avec «+ 2» ou «2 +».
Étape 3 : Colorie jaune les problèmes restants avec «+ 3» ou «3 +».

| a.<br>7 + 1 = ___ | b.<br>8 + ___ = 9 | c.<br>3 + 1 = ___ | d.<br>5 + 3 = ___ |
|---|---|---|---|
| e.<br>5 + ___ = 7 | f.<br>4 + ___ = 7 | g.<br>6 + 3 = ___ | h.<br>8 + ___ = 10 |
| i.<br>2 + 1 = ___ | j.<br>1 + ___ = 2 | k.<br>1 + ___ = 4 | l.<br>6 + 2 = ___ |
| m.<br>3 + ___ = 6 | n.<br>6 + ___ = 7 | o.<br>3 + 2 = ___ | p.<br>5 + 1 = ___ |
| q.<br>2 + 2 = ___ | r.<br>4 + ___ = 6 | s.<br>4 + 1 = ___ | t.<br>7 + 2 = ___ |
| u.<br>2 + ___ = 3 | v.<br>9 + 1 = ___ | w.<br>7 + 3 = ___ | x.<br>1 + ___ = 3 |

Leçon 22 : Rechercher et utiliser le raisonnement répété sur le tableau d'addition en résolvant et en analysant les problèmes avec les termes courants.

Remplis la case manquante et recherche les totaux pour toutes les expressions. Utilise ton tableau d'addition rempli pour t'aider.

| 5 + 2 | 5 + 3 |
| :---: | :---: |
| 7 | 8 |
| 6 + 2 | 6 + 3 |
| 8 | 9 |
| 7 + 2 | 7 + 3 |
| 9 | 10 |
| 8 + 2 | |
| 10 | |

Je peux voir quelles expressions sont égales à 8. Elles font une ligne diagonale. Regarde, les totaux pour 9 et 10 font la même chose !

Je sais que 8 + 2 est l'expression manquante dans cette colonne car ce sont des calculs +2. Quand je regarde le premier nombre à ajouter, je vois que ça augmente de 1 à chaque fois: 5, 6, 7,... donc 8 vient ensuite !

| 3 + 4 | 3 + 5 | 3 + 6 |
| :---: | :---: | :---: |
| 7 | 8 | 9 |
| 4 + 4 | 4 + 5 | 4 + 6 |
| 8 | 9 | 10 |
| 5 + 4 | 5 + 5 | |
| 9 | 10 | |
| 6 + 4 | | |
| 10 | | |

Les totaux au bas de chaque colonne sont 10. Ils ressemblent à un escalier !

Je sais qu'il faut écrire 4 + 6 dans cette case. Dans chaque ligne, le premier nombre à ajouter reste le même, mais le second augmente de 1, donc 4 + 4, 4 + 5, 4 + 6. Les totaux augmentent également de 1: 8, 9,10.

UNE HISTOIRE D'UNITÉS     Leçon 23 Devoirs   1•1

Nom _____ Date _____

Remplis la case manquante et recherche les totaux pour toutes les expressions. Utilise ton tableau d'addition rempli pour t'aider.

1.

| 1 + 2 | 1 + 3 |
|---|---|
| 2 + 2 |   |
| 3 + 2 | 3 + 3 |

2.

| 6 + 1 | 6 + 2 |
|---|---|
| 7 + 1 |   |
|   | 8 + 2 |
| 9 + 1 |   |

3.

| 4 + 4 | 4 + 5 |   |
|---|---|---|
| 5 + 4 |   |   |
| 6 + 4 |   |   |

4.

| 2 + 4 |   | 2 + 6 |
|---|---|---|
|   | 3 + 5 |   |

Leçon 23 : Rechercher et utiliser la structure sur le tableau d'addition en recherchant et en colorant les problèmes avec le même total.

UNE HISTOIRE D'UNITÉS                    Leçon 24 Aide aux devoirs  1•1

1. Résous et trie les phrases numériques. Une phrase numérique peut aller dans plus d'un endroit lorsque tu tries.

| 5 + 1 = __6__ | 5 + 2 = __7__ | 2 + 3 = __5__ |

| 3 + 3 = __6__ | 10 = 1 + __9__ | __9__ = 5 + 4 |

| Doubles | Doubles +1 | +1 | +2 | Groupes de 5 visualisés mentalement |
|---|---|---|---|---|
| 3 + 3 = 6 | 2 + 3 = 5 | 5 + 1 = 6 | 5 + 2 = 7 | 5 + 1 = 6 |
| 4 + 4 = 8 | 9 = 5 + 4 | 10 = 1 + 9 | 8 + 2 = 10 | 5 + 2 = 7 |
|  | 3 + 4 = 7 |  |  | 9 = 5 + 4 |
|  |  |  |  |  |
|  |  |  |  |  |

Je peux voir la carte à groupes de 5. Je vois une rangée de 5 points en haut et 4 points en bas

Regarde les Doubles +1 ! Je peux les mettre en ordre, et ils s'amassent : 2 + 3, 3 + 4, 4 + 5. Les totaux augmentent de 2 à chaque fois : 5, 7, 9.

2. Écris tes propres phrases numériques et ajoute-les au tableau.

| 4 + 4 = 8 | 8 + 2 = 10 | 3 + 4 = 7 |

3 + 3 et 4 + 4 sont des faits reliés. 4 + 4 est le prochain double.

3 + 4 est un double +1. Le double est 3 + 3 = 6. 4 est 1 de plus que 3, donc je sais que 3 + 4 = 7.

Leçon 24 :   Pratiquer pour développer la maîtrise des calculs jusqu'à 10.

UNE HISTOIRE D'UNITÉS  Leçon 24 Devoirs 1•1

Nom _____   Date _____

Résous et trie les phrases numériques. Une phrase numérique peut aller dans plus d'un endroit lorsque tu tries.

| 5 + 1 = ____ | 6 + 2 = ____ | 2 + 3 = ____ |
| 3 + 3 = ____ | 7 + 1 = ____ | 2 + 2 = ____ |
| ____ = 4 + 4 | 8 + 2 = ____ | 3 + 4 = ____ |
| ____ = 5 + 4 | 10 = 1 + ____ | ____ = 5 + 2 |

| Doubles | Doubles +1 | +1 | +2 | 5 groupes visualisés mentalement |
|---------|------------|----|----|----------------------------------|
|         |            |    |    |                                  |
|         |            |    |    |                                  |
|         |            |    |    |                                  |
|         |            |    |    |                                  |
|         |            |    |    |                                  |
|         |            |    |    |                                  |

Écris tes propres phrases numériques et ajoute-les au tableau.

|  |  |  |

Leçon 24 : Pratiquer pour développer la maîtrise des calculs jusqu'à 10.

Résous et pratique des calculs mathématiques.

| 1 + 0 | 1 + 1 | 1 + 2 | 1 + 3 | 1 + 4 | 1 + 5 | 1 + 6 | 1 + 7 | 1 + 8 | 1 + 9 |
|---|---|---|---|---|---|---|---|---|---|
| 2 + 0 | 2 + 1 | 2 + 2 | 2 + 3 | 2 + 4 | 2 + 5 | 2 + 6 | 2 + 7 | 2 + 8 | |
| 3 + 0 | 3 + 1 | 3 + 2 | 3 + 3 | 3 + 4 | 3 + 5 | 3 + 6 | 3 + 7 | | |
| 4 + 0 | 4 + 1 | 4 + 2 | 4 + 3 | 4 + 4 | 4 + 5 | 4 + 6 | | | |
| 5 + 0 | 5 + 1 | 5 + 2 | 5 + 3 | 5 + 4 | 5 + 5 | | | | |
| 6 + 0 | 6 + 1 | 6 + 2 | 6 + 3 | 6 + 4 | | | | | |
| 7 + 0 | 7 + 1 | 7 + 2 | 7 + 3 | | | | | | |
| 8 + 0 | 8 + 1 | 8 + 2 | | | | | | | |
| 9 + 0 | 9 + 1 | | | | | | | | |
| 10 + 0 | | | | | | | | | |

1. Divise le total en parties. Écris une liaison numérique et des phrases numériques d'addition et de soustraction pour correspondre à l'histoire.

   Jane a attrapé 9 poissons. Elle a attrapé 7 poissons avant de déjeuner. Combien de poissons a-t-elle attrapé après le déjeuner ?

   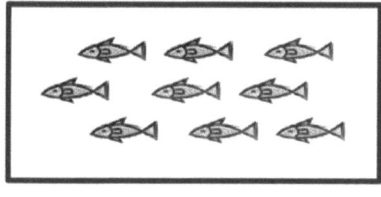
   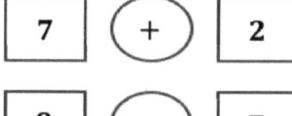
   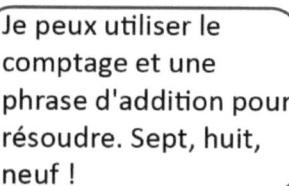

   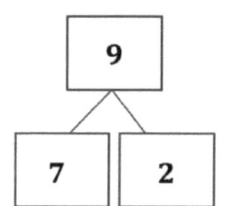

   Jane a attrapé __2__ poissons après le déjeuner.

   > Je peux utiliser le comptage et une phrase d'addition pour résoudre. Sept, huit, neuf !

   > Comme je connais le tout et une partie, je peux également utiliser la soustraction pour trouver l'autre partie.

2. Dessine une image pour résoudre l'histoire mathématique.

   Jenna avait 3 fraises. Sanjay lui a donné plus de fraises. Maintenant, Jenna a 8 fraises. Combien de fraises Sanjay lui a-t-elle donné ?

   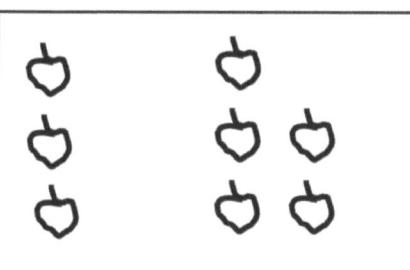
   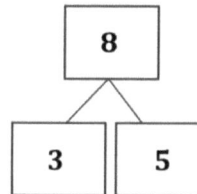

   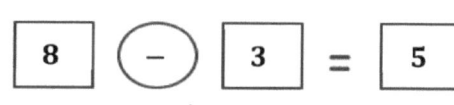

   Sanjay lui a donné __5__ fraises

   > 8 représente le nombre total de fraises que Jenna possède. 3 représente les fraises que Jenna avait au début. Je connais le total et une partie. J'ai besoin de trouver l'autre partie.

   > Mes deux phrases numériques correspondent à ma liaison numérique ! L'addition et la soustraction ont toutes deux des parties et un tout.

Leçon 25 : Résoudre *l'ajout avec* les histoires mathématiques avec un changement inconnu, et le relier à la soustraction. Modéliser en documentant et écrire des phrases numériques correspondantes.

Nom _____ Date _____

Divise le total en parties. Écris une liaison numérique et des phrases numériques d'addition et de soustraction pour correspondre à l'histoire.

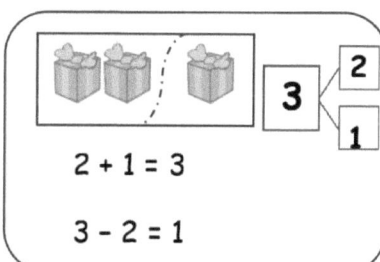

1. Six fleurs ont fleuri lundi. Quelques autres ont fleuri mardi. Maintenant, il y a 8 fleurs. Combien de fleurs ont fleuri mardi ?

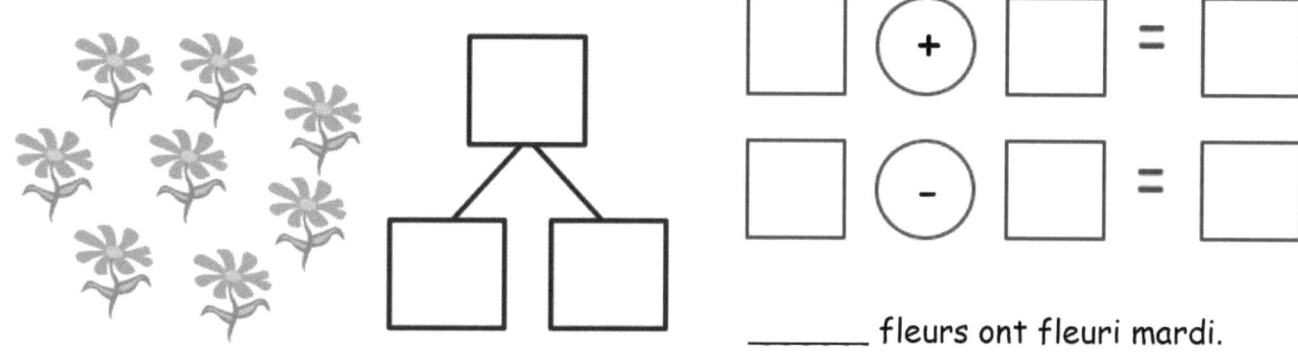

_____ fleurs ont fleuri mardi.

2. Voici les ballons que maman a achetés. Elle a acheté 4 ballons pour Bella, et le reste des ballons était pour Jim. Combien de ballons a-t-elle achetés pour Jim ?

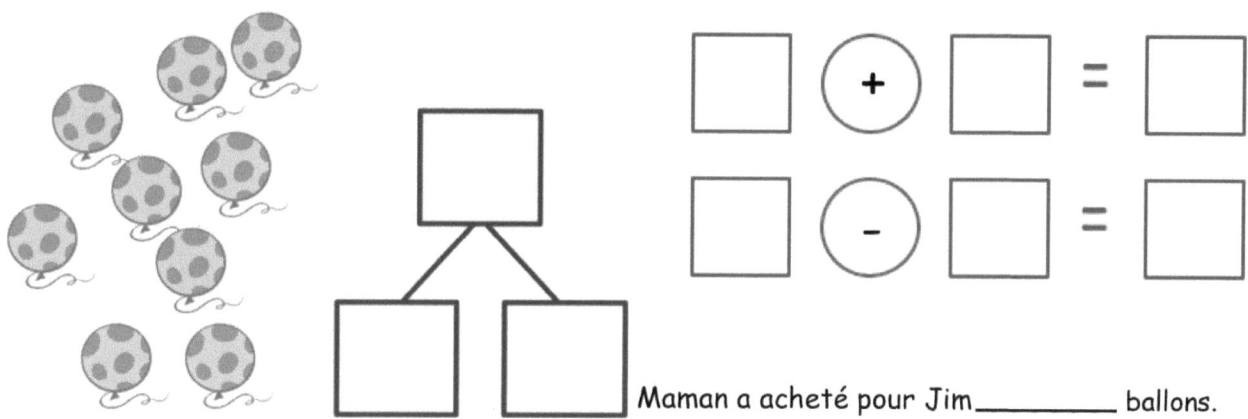

Maman a acheté pour Jim _____ ballons.

Dessine une image pour résoudre l'histoire mathématique.

3. Missy achète des petits gâteaux et 2 biscuits. Maintenant, elle a 6 desserts. Combien de petits gâteaux a-t-elle achetés ?

 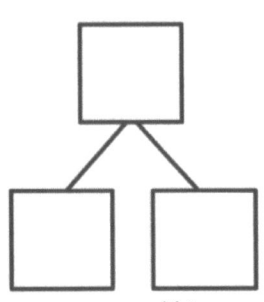 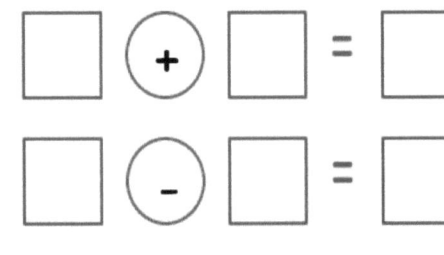

Missy a acheté _____ petits gâteaux.

4. Jim a invité 9 amis à sa fête. Trois amis sont arrivés en retard, mais les autres sont arrivés tôt. Combien d'amis sont arrivés tôt ?

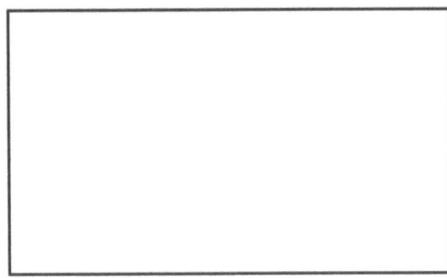 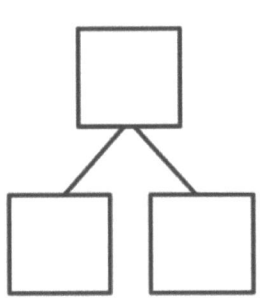 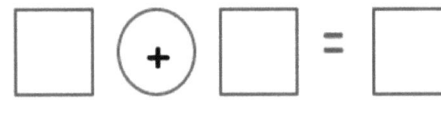 

_____ amis sont arrivés tôt.

5. Maman se peint les ongles des deux mains. D'abord, elle peint 2 rouges. Ensuite, elle peint le reste en rose. Combien d'ongles sont roses ?

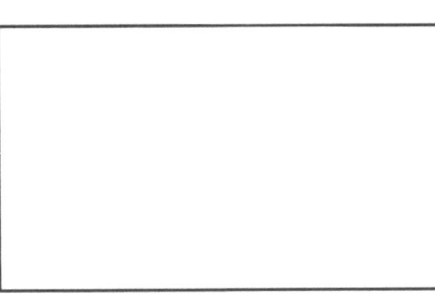 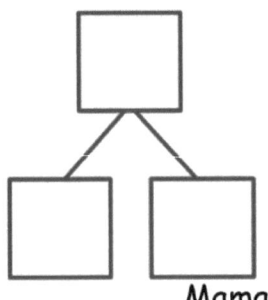 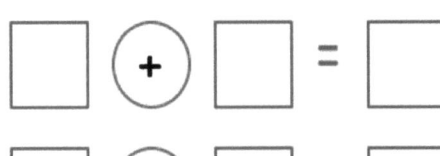

Maman peint _____ ongles rose.

UNE HISTOIRE D'UNITÉS — Leçon 26 Aide aux devoirs — 1•1

1. Utilise le chemin numérique pour résoudre.

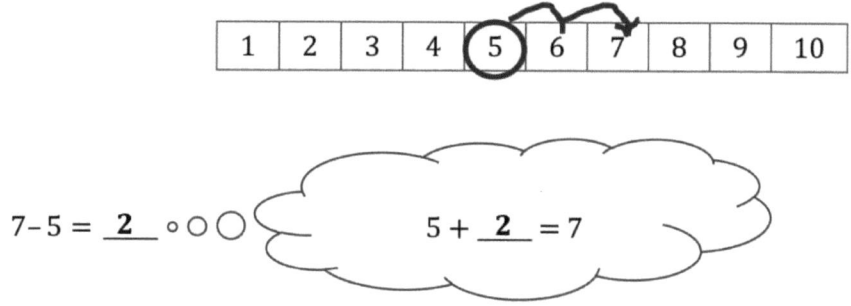

Pour résoudre 7 - 5, je peux réfléchir que « 5 plus quelque chose est égal à 7. » Je peux commencer à 5 et compter jusqu'à ce que j'arrive à 7. I faut 2 bonds pour arriver à 7, donc 7 - 5 = 2. C'est la même chose que de penser que 5 + 2 = 7.

| 1 | 2 | 3 | 4 | 5 | 6 | 7 | 8 | 9 | 10 |

$7 - 5 = \underline{\mathbf{2}}$  ∘○○    $5 + \underline{\mathbf{2}} = 7$

2. Utilise le chemin numérique pour t'aider à résoudre le problème.

| 1 | 2 | 3 | 4 | 5 | 6 | 7 | 8 | 9 | 10 |

$9 - 6 = \underline{\mathbf{3}}$    $6 + \underline{\mathbf{3}} = 9$

Maintenant que je me suis entraîné, je n'ai plus à encercler le nombre sur le chemin numérique et dessiner les flèches. Je peux simplement utiliser ma pointe de crayon pour imaginer le bond. Pour résoudre 9 - 6, je vais commencer à 6 et compter jusqu'à 9. C'est comme résoudre mes problèmes de nombres à ajouter manquants. 6 + 3 = 9, donc 9 - 6 = 3.

Leçon 26 : Compter en untilisant le chemin numérique pour trouver une partie inconnue.

UNE HISTOIRE D'UNITÉS            Leçon 26 Devoirs    1•1

Nom _____    Date _____

Utilise le chemin numérique pour résoudre le problème.

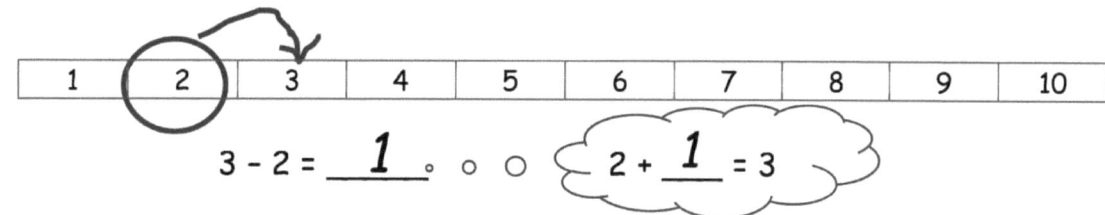

3 - 2 = __1__ .  ∘ ∘ ○  2 + __1__ = 3

1.  | 1 | 2 | 3 | 4 | 5 | 6 | 7 | 8 | 9 | 10 |

5 - 3 = _____    ∘○○   3 + ____ = 5

2.  | 1 | 2 | 3 | 4 | 5 | 6 | 7 | 8 | 9 | 10 |

a. 8 - 6 = _____          6 + _____ = 8

b. 7 - 4 = _____          4 + _____ = 7

c. 8 - 2 = _____          _____

d. 9 - 6 = _____          _____

Leçon 26 : Compter en untilisant le chemin numérique pour trouver une partie inconnue.

UNE HISTOIRE D'UNITÉS

Leçon 26 Devoirs  1•1

Utilise le chemin numérique pour résoudre le problème. Relie la phrase d'addition qui peut t'aider.

| 1 | 2 | 3 | 4 | 5 | 6 | 7 | 8 | 9 | 10 |

3.  a. 6 - 4 = _____

    6 + 4 = 10

    b. 9 - 5 = _____

    10 = 7 + 3

    c. 10 - 6 = _____

    4 + 5 = 9

    d. 10 - 7 = _____

    6 = 4 + 2

4. Écris une phrase numérique d'addition et de soustraction pour la liaison numérique. Utilise le chemin numérique pour résoudre le problème.

| 1 | 2 | 3 | 4 | 5 | 6 | 7 | 8 | 9 | 10 |

a.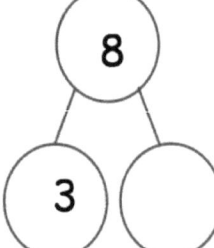

b. (9 avec 3)

110  Leçon 26 : Compter en untilisant le chemin numérique pour trouver une partie inconnue.

EUREKA MATH

1. Utilise le chemin numérique pour compléter la liaison numérique, puis écris une addition et une soustraction pour faire correspondre.

| 1 | 2 | 3 | 4 | 5 | 6 | 7 | 8 | 9 | 10 |

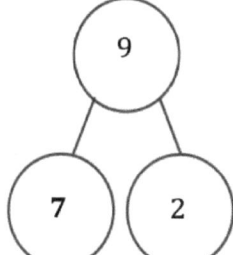

$\underline{9 - 2 = 7}$

$\underline{2 + 7 = 9}$

> Je peux compter à partir de 9 en utilisant 2 bonds. J'arrive à 7. Cela signifie que 7 est la partie manquante de la liaison numérique. 9 - 2 = 7 et 2 + 7 = 9.

2. Résous les phrases numériques. Choisis la meilleure façon de résoudre. Coche la case.

                    Addition        Soustraction

a. 9 − 1 = __**8**__      ☐      [X]

b. 8 − 7 = __**1**__      [X]      ☐

> Pour 9 - 1, il est plus rapide de compter à rebours, car ce ne serait que d'un bond en arrière. 9 - 1 = 8.
> 8 et 7 sont proches, il est donc plus rapide de compter à partir de 7.
> 7 + 1 = 8, donc c'est juste un bond en avant.

Leçon 27 : Compter en untilisant le chemin numérique pour trouver une partie inconnue.

UNE HISTOIRE D'UNITÉS  **Leçon 27 Aide aux devoirs** 1•1

3. Résous la phrase numérique. Choisis la meilleure façon de résoudre. Utilise le chemin numérique pour montrer pourquoi.

Addition        Soustraction

$8 - 5 = \underline{\ 3\ }$

[X]             [ ]

| 1 | 2 | 3 | 4 | ⑤ | 6 | 7 | 8 | 9 | 10 |

Je comptais en **additionnant** car il fallait moins de bonds.

> 8 et 5 sont des nombres proches. Il est plus rapide de compter en avant lorsque les chiffres sont proches les uns des autres. Je vais commencer à 5 et compter 3 bonds pour arriver à 8.

4. Fais un dessin mathématique ou écris une phrase numérique pour montrer pourquoi c'est mieux.

$9 - 7 = \underline{\ 2\ }$

$7 + 2 = 9$

[X]             [ ]

> 9 et 7 sont également rapprochés. Il est plus rapide de compter en avant lorsque les chiffres sont proches les uns des autres. 7 + 2 = 9.
> Si les chiffres étaient très éloignés, comme dans 9 - 2, j'aurais compté à rebours.

Leçon 27 : Compter en untilisant le chemin numérique pour trouver une partie inconnue.

Nom _____  Date _____

Utilise le chemin numérique pour compléter la liaison numérique, et écris une phrase d'addition et de soustraction pour faire correspondre.

1.
*Chemin numérique*

| 1 | 2 | 3 | 4 | 5 | 6 | 7 | 8 | 9 | 10 |

a. 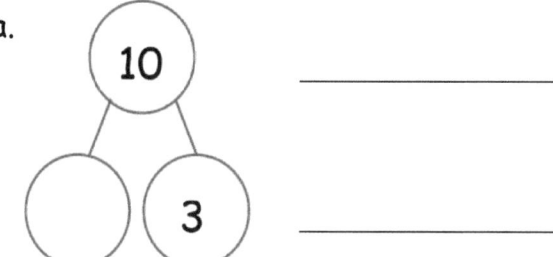  _____

b. 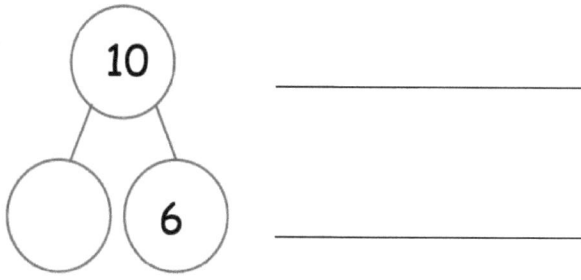  _____

2. Résous les phrases numériques. Choisis la meilleure façon de résoudre. Coche la case.

Addition    Soustraction

a. 9 - 7 = _____     ☐    ☐

b. 8 - 2 = _____     ☐    ☐

c. 7 - 5 = _____     ☐    ☐

UNE HISTOIRE D'UNITÉS     Leçon 27 Aide aux devoirs   1•1

3. Résous la phrase numérique. Choisis la meilleure façon de résoudre. Utilise le chemin numérique pour montrer pourquoi.

Addition     Soustraction

a. 7 − 5 = _____   ☐     ☐

| 1 | 2 | 3 | 4 | 5 | 6 | 7 | 8 | 9 | 10 |

J'ai compté _____ parce qu'il fallait moins de bonds.

b. 9 − 1 = _____   ☐     ☐

| 1 | 2 | 3 | 4 | 5 | 6 | 7 | 8 | 9 | 10 |

J'ai compté _____ parce qu'il fallait moins de bonds.

c. 10 − 8 = ___   ☐     ☐

Fais un dessin mathématique ou écris une phrase numérique pour montrer pourquoi c'est mieux.

Lis l'histoire. Fais un dessin mathématique pour résoudre.

Bob achète 9 nouvelles petites voitures. Il en sort 2 du sac. Combien de voitures sont encore dans le sac ?

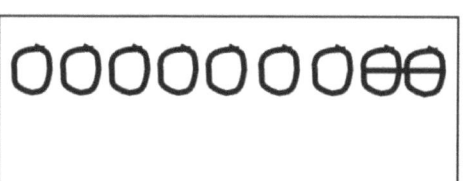

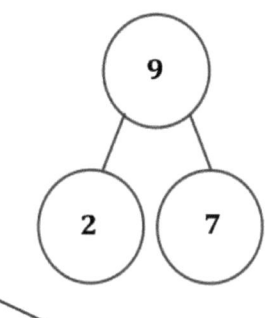

9 - 2 = 7

7 petites voitures sont toujours dans le sac.

> Je peux dessiner 9 cercles pour les 9 petites voitures. Puis, je peux en rayer 2 parce que Bob en a pris 2 de son sac. Il reste 7 cercles. Ce sont les 7 petites voitures qui sont encore dans le sac.
> Dans la liaison numérique, je peux montrer que 9 est le nombre total de petites voitures. La partie qui a été retirée est 2. La partie qui reste est 7.
> 9 − 2 = 7.

Leçon 28 : Résoudre *les soustractions avec* des histoires mathématiques avec *un résultat inconnu* en dessinant, avec des vraies phrases numériques, et des déclarations, et en utilisant des marques horizontales pour rayer ce qui est enlevé.

UNE HISTOIRE D'UNITÉS       Leçon 28 Devoirs   1•1

Nom _____    Date _____

Lis l'histoire. Fais un dessin mathématique pour résoudre.

Exemple : 3-2=1

1. Il y avait 6 hot-dogs sur le grill. Deux finissent de cuire et sont retirés. Combien de hot-dogs restent sur le gril ?

   6 - ___ = ___

   Il reste ____ hot-dogs sur le grill.

2. Bob achète 8 nouvelles petites voitures. Il en sort 3 du sac. Combien de voitures sont encore dans le sac ?

   ___ - ___ = ___

   ____ voitures sont encore dans le sac.

3. Kira voit 7 oiseaux dans l'arbre. Trois oiseaux s'envolent. Combien d'oiseaux y a-t-il encore dans l'arbre ?

   ___ - ___ = ___

   ____ oiseaux sont encore dans l'arbre.

Leçon 28 : Résoudre *les soustractions avec* des histoires mathématiques avec *un résultat inconnu* en dessinant, avec des vraies phrases numériques, et des déclarations, et en utilisant des marques horizontales pour rayer ce qui est enlevé.

UNE HISTOIRE D'UNITÉS       Leçon 28 Devoirs   1•1

4. Brad a 9 amis pour une fête. Six amis sont partis. Combien d'amis sont encore à la fête ?

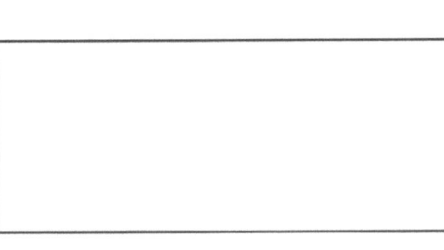 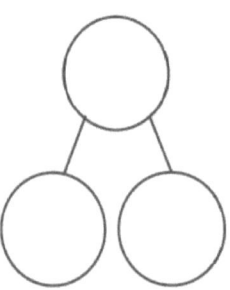

_____ - _____ = _____

____ amis sont encore à la fête.

5. Jordan jouait avec 10 voitures. Il en a donné 7 à Kate. Avec combien de voitures Jordan joue-t-il avec actuellement ?

 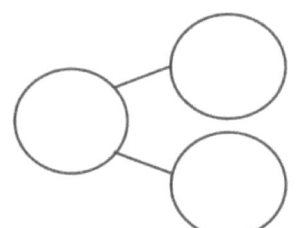

_____ - _____ = _____

Jordan joue avec ___ voitures maintenant.

6. Tony prend 4 livres de la bibliothèque. Il y avait 10 livres sur l'étagère au début. Combien de livres sont actuellement sur l'étagère ?

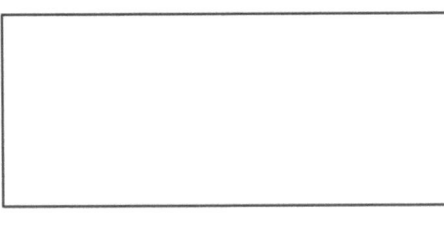 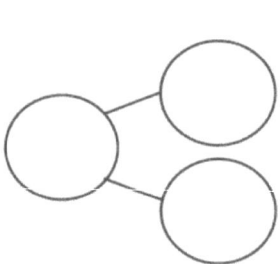

_____ - _____ = _____

____ livres sont actuellement sur l'étagère.

Leçon 28 : Résoudre *les soustractions avec* des histoires mathématiques avec *un résultat inconnu* en dessinant, avec des vraies phrases numériques, et des déclarations, et en utilisant des marques horizontales pour rayer ce qui est enlevé.

UNE HISTOIRE D'UNITÉS

Leçon 29 Aide aux devoirs  1•1

Lis l'histoire mathématique. Fais des dessins mathématiques pour résoudre.

Tom a une boîte de 8 crayons de couleur. 3 crayons de couleur sont rouges. Combien de crayons de couleur ne sont pas rouges ?

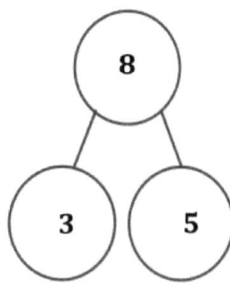

$\underline{8} - \underline{3} = \underline{5}$

$\underline{5}$ crayons de couleur ne sont pas rouges.

> Je peux dessiner 8 cercles pour les 8 crayons de couleur. Je peux entourer les 3 crayons de couleur rouges. Cela laisse 5 crayons de couleur qui ne sont pas rouges.
>
> Dans la liaison numérique, je peux montrer que 8 est le nombre total de crayons de couleur. La partie de crayons rouges est 3. La partie de crayons qui ne sont pas rouges est 5.
>
> $$8 - 3 = 5.$$
>
> La déclaration pour ma réponse est que <u>5 crayons de couleur ne sont pas rouges</u>.

Leçon 29 : Résoudre *démonter par le biais* d'histoires mathématiques *avec le terme inconnu* par le biais de dessins mathématiques, d'équations et de déclarations, encerclant la partie connue pour trouver l'inconnu.

UNE HISTOIRE D'UNITÉS     Leçon 29 Devoirs   1•1

Nom _____  Date _____

Lis l'histoire mathématique. Fais des dessins mathématiques pour résoudre.

$\boxed{\text{ⓞⓞⓞⓞⓓ}} \; 5 - 4 = 1$

1. Tom a une boîte de 7 crayons de couleur. Cinq crayons de couleur sont rouges. Combien de crayons de couleur ne sont pas rouges ?

   ___ - ___ = ___

   ____ crayons de couleur ne sont pas rouges.

2. Mary cueille 8 fleurs. Deux sont des marguerites. Les autres sont des tulipes. Combien de tulipes cueille-t-elle ?

   ___ - ___ = ___

   Mary cueille ____ tulipes.

3. Il y a 9 fruits dans le bol. Quatre sont des pommes. Les autres sont des oranges. Combien de fruits sont des oranges ?

   ___ - ___ = ___

   Le bol a ____ oranges.

Leçon 29 : Résoudre *démonter par le biais* d'histoires mathématiques *avec le terme inconnu* par le biais de dessins mathématiques, d'équations et de déclarations, encerclant la partie connue pour trouver l'inconnu.

UNE HISTOIRE D'UNITÉS — Leçon 29 Devoirs 1•1

4. Maman et Ben font 10 biscuits. Six sont des étoiles. Les autres sont ronds. Combien de biscuits sont ronds ?

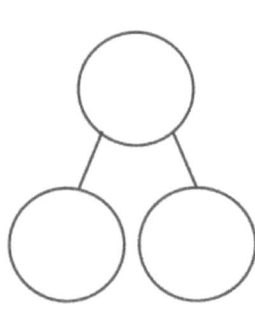

___ - ___ = ___

Il y a ___ biscuits ronds.

5. Le parking dispose de 7 places. Deux voitures sont garées dans le parking. Combien de voitures de plus peuvent se garer dans le parking ?

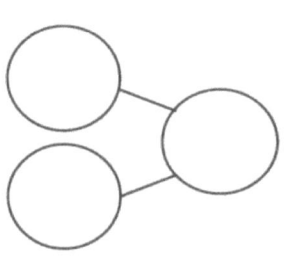

___ - ___ = ___

___ voitures de plus peuvent se garer dans le parking.

6. Liz a 2 doigts avec des pansements. Combien de doigts ne sont pas blessés ?

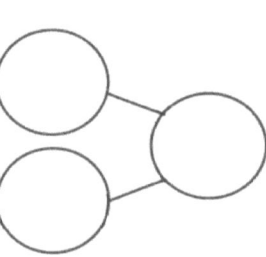

___ - ___ = ___

Écris une déclaration pourta réponse :

Résous l'histoire mathématique. Dessine et étiquette une liaison numérique d'image à résoudre. Encercle le nombre inconnu.

Lee a un total de 9 voitures. Il met 6 dans le coffre à jouets et emmène le reste chez son ami. Combien de voitures Lee emmène-t-il chez son ami ?

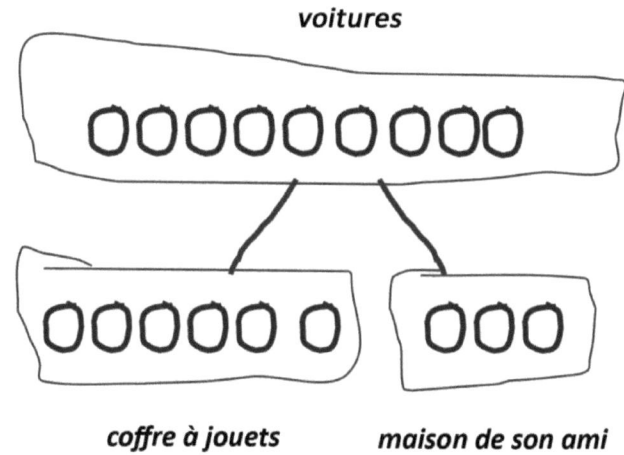

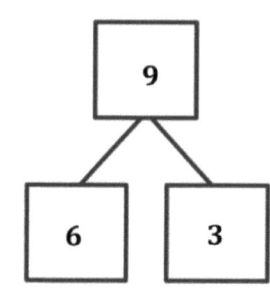

$\underline{\ 6\ } + \underline{\ 3\ } = 9$

$9 - \underline{\ 6\ } = \underline{\ 3\ }$

Lee emmène __3__ petites voitures chez son ami.

> Je peux dessiner 9 cercles pour les 9 petites voitures. Je mets 6 cercles dans la boîte à jouets, puis je compte pendant que je dessine plus de petites voitures dans la boîte qui dit "maison de son ami". C'est 3 voitures de plus. Lee emmène 3 petites voitures chez son ami.
> Dans la liaison numérique, je peux montrer que 9 est le nombre total de petites voitures. La partie qu'il met dans le coffre à jouets est 6, et la partie qu'il emmène avec lui est 3.
> $$6 + 3 = 9.$$
> $$9 - 6 = 3.$$

Leçon 30 : Résoudre *l'ajout avec* les histoires mathématiques *avec un changement inconnu* par le biais de dessins, relatifs à l'addition et à la soustraction.

Nom _____  Date _____

Résous l'histoire mathématique. Dessine et étiquette une liaison numérique d'image à résoudre. Encercle le nombre inconnu.

1. Grace a un total de 7 poupées. Elle en met 2 dans le coffre à jouets et emmène le reste chez son amie. Combien de poupées emmène-t-elle chez son amie ?

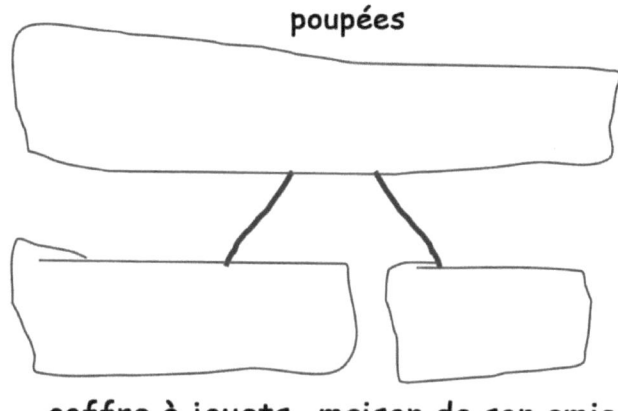

poupées

coffre à jouets   maison de son amie

Grace emmène ____ poupées chez son amie.

____ + ____ = 7

7 - ____ = ____

2. Jack peut inviter 8 amis à sa fête d'anniversaire. Il fait 3 invitations. Combien d'invitations doit-il encore faire ?

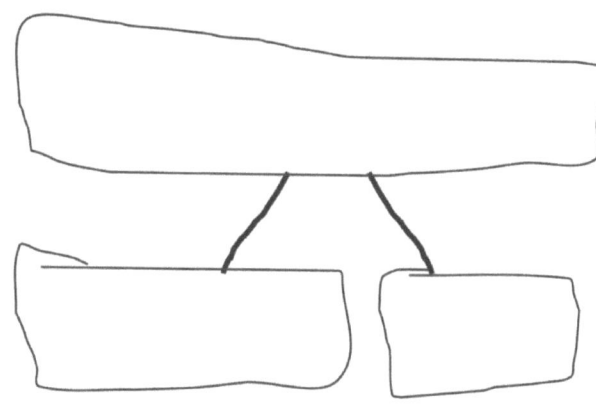

Jack doit encore faire ____ invitations.

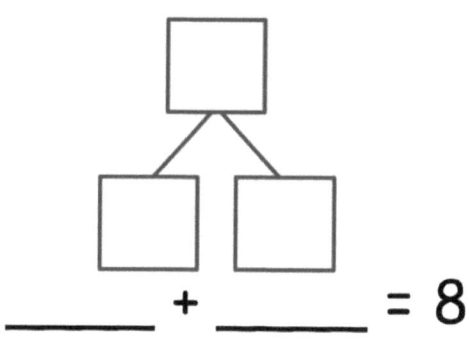

____ + ____ = 8

8 - ____ = ____

Leçon 30 : Résoudre *l'ajout avec* les histoires mathématiques *avec un changement inconnu* par le biais de dessins, relatifs à l'addition et à la soustraction.

3. Il y a 9 chiens dans le parc. Cinq chiens jouent avec des balles. Les autres mangent des os. Combien de chiens mangent des os ?

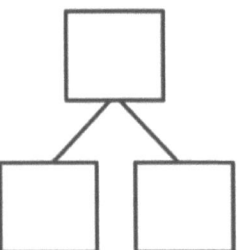

\_\_\_ + \_\_\_ = 9

\_\_\_ chiens mangent des os.

\_\_\_ - \_\_\_ = \_\_\_

4. Il y a 10 élèves dans la classe de Jim. Sept ont acheté leur déjeuner à l'école. Les autres ont apporté leur déjeuner de la maison. Combien d'élèves ont apporté leur déjeuner de la maison ?

\_\_\_ + \_\_\_ = \_\_\_

\_\_\_ - \_\_\_ = \_\_\_

\_\_\_ élèves ont apporté leur déjeuner de la maison.

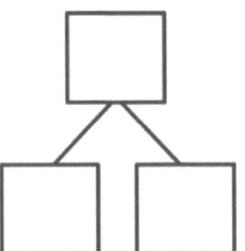

# Leçon 31 Aide aux devoirs 1•1

L'exemple de problème ci-dessous montre deux phrases numériques possibles. Les deux sont considérées comme raisonnables et correctes. Si votre enfant choisit d'écrire la première phrase numérique, proposez-lui de dessiner un cadre autour de la solution.

Fais un dessin mathématique et encercle la partie que tu connais. Raye la partie inconnue. Remplis la phrase numérique et la liaison numérique.

Un magasin avait 6 chemises au portant. Maintenant, il y a 2 chemises au portant. Combien de chemises ont été vendues ?

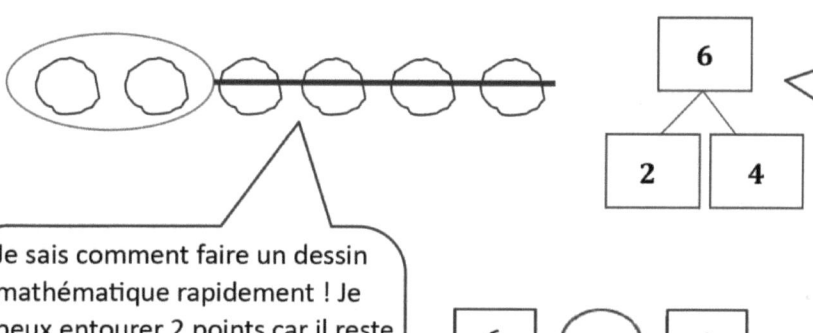

> Je sais comment faire un dessin mathématique rapidement ! Je peux entourer 2 points car il reste 2 chemises. Je peux tracer une ligne à travers 4 chemises. Ma ligne ressemble à un grand signe de soustraction !

> Lorsque je résous en soustrayant, je peux toujours utiliser une liaison numérique pour penser à l'addition. Si 6 est le total et 2 est une partie, l'autre partie doit être 4.

$6 - 4 = 2$

$6 - 2 = 4$

> Je peux écrire 6 moins la case mystère parce que je ne sais pas combien de chemises ont été vendues. Mais je sais que 2 chemises se sont retrouvées sur le portant. 6 moins quelque chose est 2.

___4___ chemises ont été vendues.

> Mes deux phrases numériques correspondent à ma liaison numérique ! L'addition et la soustraction ont toutes deux des parties et un tout.

Nom _____  Date _____

Fais un dessin mathématique et encercle la partie que tu connais.
Raye la partie inconnue.
Remplis la phrase numérique et la liaison numérique.

Exemple 3 - 1 = 2

1. Missy reçoit 6 cadeaux pour son anniversaire. Elle en déballe quelques-uns. Quatre sont encore emballés. Combien de cadeaux a-t-elle déballés ?

    Missy déballa ____ cadeaux.

    6 - ☐ = ☐

2. Ann a une boîte de 8 marqueurs. Certains tombent sur le sol. Six sont toujours dans la boîte. Combien de marqueurs sont tombés sur le sol ?

    ____ marqueurs sont tombés sur le sol.

    ☐ - ☐ = ☐

3. Nick fait 7 petits gâteaux pour ses amis. Quelques petits gâteaux ont été mangés. Maintenant, il en reste 5. Combien de petits gâteaux ont été mangés ?

    ____ petits gâteaux ont été mangés.

    ☐ - ☐ = ☐

Leçon 31 : Résoudre *les soustractions* avec des histoires mathématiques *avec un changement inconnu* par le biais de dessins.

4. Un chien a 8 os. Il en cache quelques-uns. Il a encore 5 os. Combien d'os sont cachés ?

____ os sont cachés.

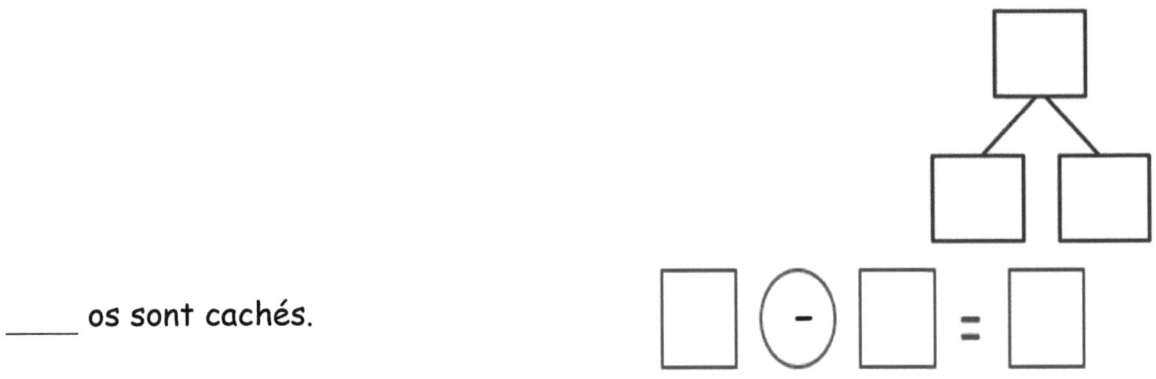

5. La table de la cafétéria peut faire asseoir 10 étudiants. Certains chaises sont occupés. Sept chaises sont vides. Combien de chaises sont occupées ?

____ chaises sont occupés.

6. Ron a 10 chewing-gums. Il donne un chewing-gum à chacun de ses amis. Maintenant, il lui reste 3 chewing-gums. Avec combien d'amis Ron les a -t'il partager ?

Ron a partagé avec ____ amis.

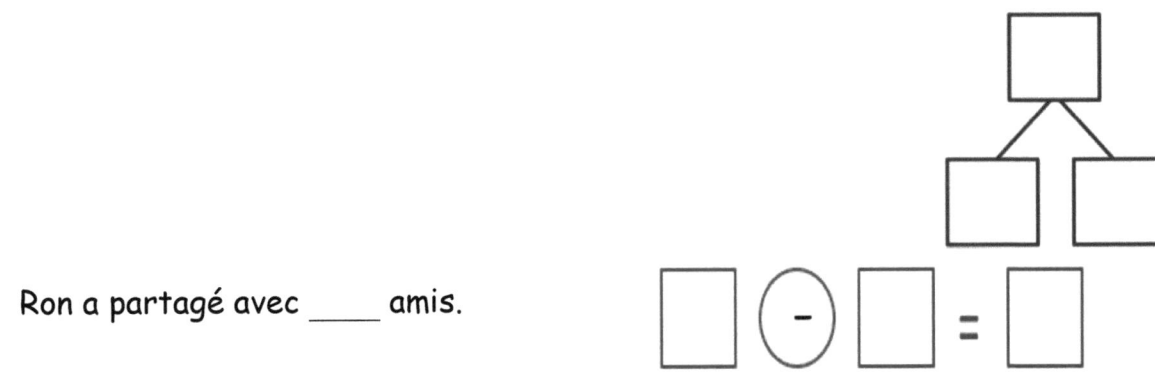

1. Relie les histoires mathématiques aux phrases numériques qui racontent l'histoire. Fais un dessin mathématique pour résoudre.

   a.

   Il y a 9 fleurs dans un vase.
   5 sont rouges.
   Les autres sont jaunes.
   Combien de fleurs sont jaunes ?

   OOOOO  OOOO

   $3 \;+\; 7 \;=\; 10$

   $10 \;-\; 3 \;=\; 7$

   b.

   Il y a 10 pommes dans un panier.
   3 sont rouges.
   Les autres sont vertes.
   Combien de pommes sont vertes ?

   $5 \;+\; 4 \;=\; 9$

   $9 \;-\; 5 \;=\; 4$

   > Pour la première histoire de mathématiques, je peux dessiner 5 cercles pour les fleurs rouges, puis je peux compter et dessiner jusqu'à ce que j'aie 9 cercles. Je vois qu'il y a 4 fleurs jaunes. Cette histoire va avec la deuxième boîte de phrases numériques. Je peux le dire car le nombre total de fleurs est de 9 fleurs. 5 plus 4 est égal à 9, et 9 enlève 5 est égal à 4.
   >
   > Pour la deuxième histoire de mathématiques, je peux dessiner 10 cercles pour les 10 pommes. Ensuite, je peux encercler les 3 qui sont rouges. Ce qui nous laisse 7 pommes vertes. Cela va avec la première case de phrases numériques. 3 plus 7 est égal à 10.
   > 10 minus 3 equals 7.

Leçon 32 : Résoudre des histoires mathématiques d'assemblage/démontage avec un terme inconnu.

2. Utilise la liaison numérique pour raconter une histoire mathématique d'addition et de soustraction avec des images. Écris une phrase numérique d'addition et de soustraction.

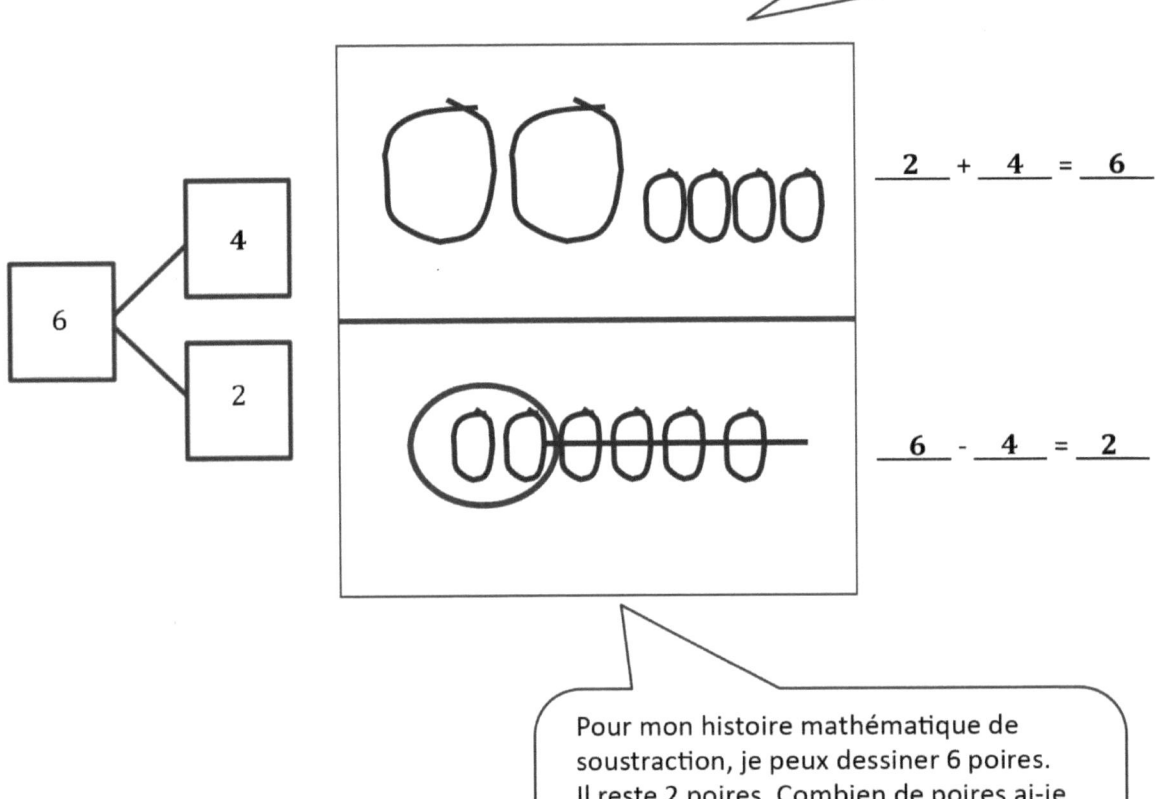

Pour mon histoire mathématique d'addition, je peux dessiner 2 grosses poires et 4 petites poires. Il y a 2 grosses poires et 4 petites poires. Combien de poires ai-je en tout ? Cela va de pair avec la phrase numérique 2 plus 4 égale 6.

$\underline{\ 2\ } + \underline{\ 4\ } = \underline{\ 6\ }$

$\underline{\ 6\ } - \underline{\ 4\ } = \underline{\ 2\ }$

Pour mon histoire mathématique de soustraction, je peux dessiner 6 poires. Il reste 2 poires. Combien de poires ai-je mangées ? Je peux entourer les 2 poires qui restent et puis rayer les poires que j'ai mangées. Cela montre que j'ai mangé 4 poires. 6 moins 4 est égal à 2.

Nom _____  Date _____

Relie les histoires mathématiques aux phrases numériques qui racontent l'histoire. Fais un dessin mathématique pour résoudre.

1. a.

Il y a 10 fleurs dans un vase.
6 sont rouges.
Les autres sont jaunes.
Combien de fleurs sont jaunes ?

☐ + ☐ = 9

9 − ☐ = ☐

b.

Il y a 9 pommes dans un panier.
6 sont rouges.
Les autres sont vertes.
Combien de pommes sont vertes ?

3 + ☐ = 10

10 − ☐ = ☐

c.

Kate a ses ongles peints.
3 sont peints.
Les autres sont clairs.
Combien d'ongles sont clairs ?

6 + ☐ = 10

10 − 6 = ☐

Leçon 32 : Résoudre des histoires mathématiques d'assemblage/démontage avec un terme inconnu.

UNE HISTOIRE D'UNITÉS  Leçon 32 Devoirs  1•1

Utilise la liaison numérique pour raconter une histoire mathématique d'addition et de soustraction avec des images. Écris une phrase numérique d'addition et de soustraction.

2.

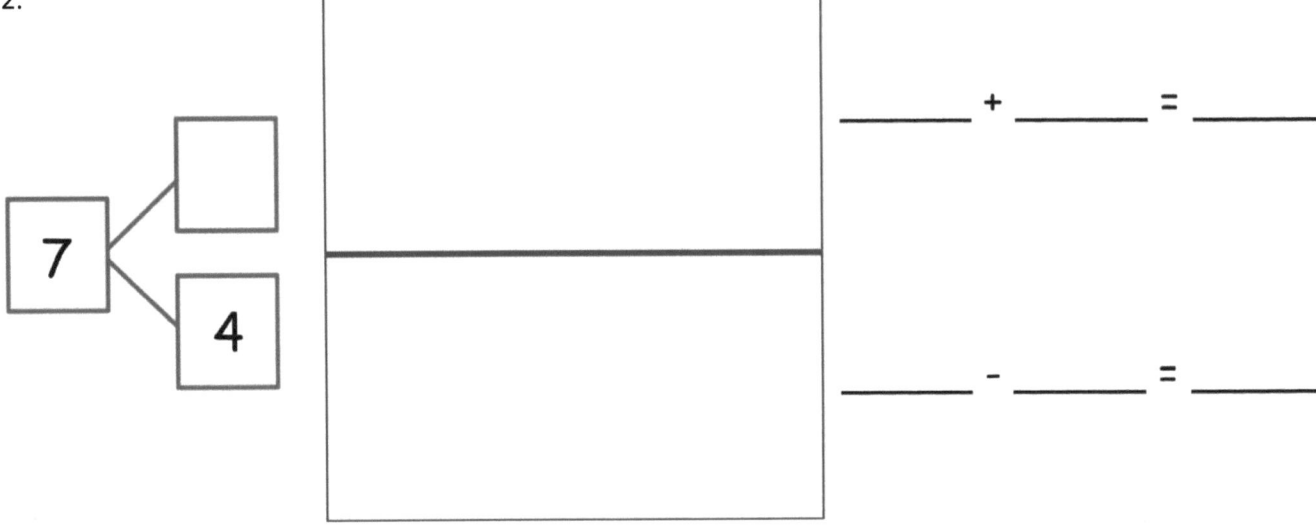

_____ + _____ = _____

_____ - _____ = _____

3.

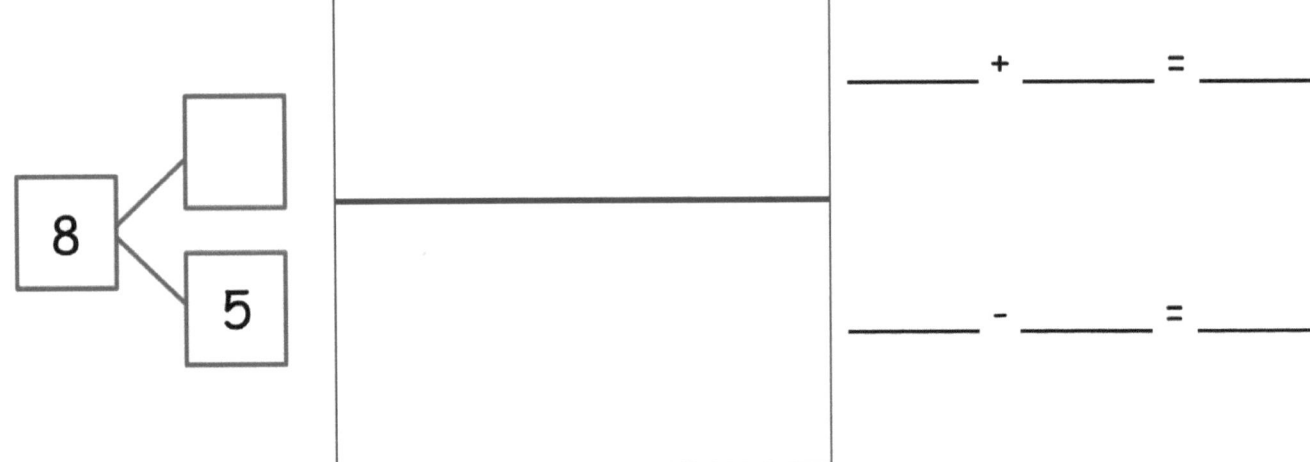

_____ + _____ = _____

_____ - _____ = _____

1. Montre la soustraction. Si tu le souhaites, fais un dessin en groupes de 5 pour chaque problème.

   ●●●●○—

   $5 - 1 = \underline{4}$

   $5 - 0 = \underline{5}$

   > Je n'étais pas sûr de 5 – 1, donc je l'ai dessiné, mais je sais que 5 – 0 est 5, donc je n'ai pas besoin de dessiner.

2. Montre la soustraction. Si tu le souhaites, fais un dessin en groupes de 5 comme le modèle pour chaque problème.

   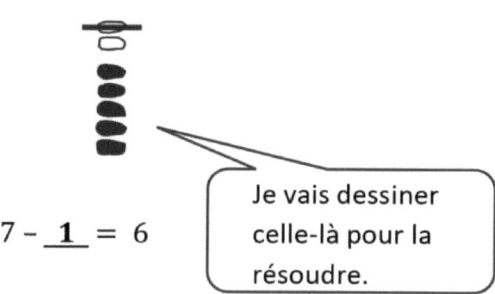

   $7 - \underline{1} = 6$

   > Je vais dessiner celle-là pour la résoudre.

   $10 - \underline{0} = 10$

   > Je sais que 10 - 0 = 10, donc je ne vais pas dessiner celle-ci.

3. Écris la phrase numérique de soustraction pour correspondre au dessin de groupes de 5.

   ●●●●● ○◁○○

   $\underline{9} - \underline{0} = \underline{9}$

4. Écris le chiffre qui manque. Visualise tes groupes de 5 pour t'aider.

   $9 - \underline{1} = 8 \qquad 0 = 8 - \underline{8}$

   > Je peux imaginer 9 cercles dans ma tête. Combien dois-je en retirer pour en avoir 8 restants ? Juste 1. Je peux en effacer 1 de mes 9 dans ma tête, et j'en aurais 8 restants.

   > Celle-ci est délicate, mais je peux la résoudre. 8 moins quelque chose doit être égal à 0. Les deux côtés du signe égal doivent être identiques. 8 - 8 est la même somme que 0.

Leçon 33 : Modéliser 0 de moins et 1 de moins en images et sous forme de phrases numériques de soustraction.

Nom _____     Date _____

Montre la soustraction. Si tu le souhaites, utilise un dessin de groupes de 5 pour chaque problème.

8-1 = 7

1.

9 − 1 = ____

2.

9 − 0 = ____

3.

6 − ____ = 6

4.

6 = 7 − ____

Montre la soustraction. Si tu le souhaites, fais un dessin de groupes de 5 comme le modèle pour chaque problème.

9-1 = 8

5.

9 − ____ = 9

6.

8 = 8 − ____

7.

10 − ____ = 9

8.

7 − ____ = 7

Leçon 33 : Modéliser 0 de moins et 1 de moins en images et sous forme de phrases numériques de soustraction.

UNE HISTOIRE D'UNITÉS                    Leçon 33 Devoirs   1•1

Écris la phrase numérique de soustraction pour correspondre au dessin de groupes de 5.

9.   ●●●●● ̶●̶          10.  ●●●●● ○ ○          11.  ●●●●● ○ ◁ ○ ̶●̶

___ - ___ = ___          ___ - ___ = ___          ___ - ___ = ___


12.  ○
     ○
     ○
     ○
     ○
     ●
     ●
     ●
     ●
     ●

13.  ̶○̶
     ○
     ○
     ●
     ●
     ●
     ●
     ●

___ - ___ = ___                                   ___ - ___ = ___

14. Écris le chiffre qui manque. Visualise tes groupes de 5 pour t'aider.

a.  7 - ____ = 6            b.  0 = 7 - ____

c.  8 - ____ = 7            d.  6 - ____ = 5

e.  8 = 9 - ____            f.  9 = 10 - ____

g.  10 - ____ = 10          h.  9 - ____ = 8

1. barre pour soustraire.

   $6 - 5 = \underline{1}$

2. Fais un dessin de groupe de 5 comme ceux ci-dessus. Montre la soustraction.

   $1 = 5 - \underline{4}$     $5 - \underline{5} = 0$

3. Fais un dessin de groupes de 5 comme le modèle pour chaque problème. Montre la soustraction.

   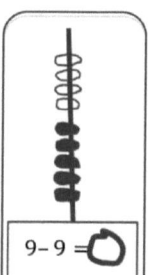

   $7 - \underline{6} = 1$

4. Écris la phrase numérique de soustraction pour correspondre au dessin de groupes de 5.

   $\underline{8} - \underline{7} = \underline{1}$

5. Écris les chiffres qui manquent. Visualise tes groupes de 5 pour t'aider.

   $7 - \underline{6} = 1$     $1 = 8 - \underline{7}$

# UNE HISTOIRE D'UNITÉS

**Leçon 34 Devoirs** 1•1

Nom _____   Date _____

Barre pour soustraire.

1. ●●●●● ○○○○○        2. ●●●●● ○○○○         7-6 = 1

    10 - 10 = _____         9 - 8 = _____

Fais un dessin de groupes de 5 comme ceux ci-dessus. Montre la soustraction.

3.                               4.

   1 = ____ - 7                  8 - ____ = 0

5.                               6.

   0 = ____ - 7                  6 - ____ = 1

Fais un dessin de groupes de 5 comme le modèle pour chaque problème. Montre la soustraction.

7.                               8.

   9 - ___ = 1                   0 = 8 - ___

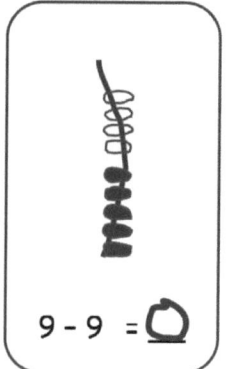

9 - 9 = 0

Leçon 34 : Modéliser *n - n* et *n - (n - 1)* sous forme d'images et de phrases de soustraction.

Écris la phrase numérique de soustraction pour correspondre au dessin de groupes de 5.

9.  ____ - ____ = ____

10. ____ - ____ = ____

11. ____ - ____ = ____

12.

____ - ____ = ____

13.

____ - ____ = ____

14. Écris le chiffre qui manque. Visualise tes groupes de 5 pour t'aider.

a. 7 - ____ = 0

b. 1 = 7 - ____

c. 8 - ____ = 1

d. 6 - ____ = 0

e. 0 = 9 - ____

f. 1 = 10 - ____

g. 10 - ____ = 0

h. 9 - ____ = 1

UNE HISTOIRE D'UNITÉS     Leçon 35 Aide aux devoirs   1•1

1. Résous les ensembles des phrases numériques. Recherche des groupes faciles à barrer.

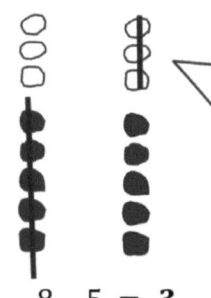

Pour en retirer 5, il est plus facile de rayer tout le groupe de 5 points noirs. Je n'ai pas besoin de les compter. Il me reste alors 3 points blancs.

Pour soustraire 3, je peux simplement rayer les trois points blancs. Ils sont un groupe facile à voir, puis je me retrouverai avec un groupe de 5. Je n'ai pas à compter ces points car je sais qu'il y a 5 points noirs dans mon dessin de groupes de 5.

$8 - 5 = \underline{3}$

$8 - 3 = \underline{5}$

2. Soustraire. Fais un dessin mathématique pour chaque problème comme ceux ci-dessus. Écris une liaison numérique.

 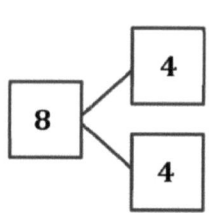

Je peux retirer les 5 points noirs en un seul coup, puis je vois qu'il m'en reste 4 sans compter.

$8 - 4 = \underline{4}$

Je sais que 4 et 4 sont des doubles qui font 8, donc 8 - 4 = 4.

 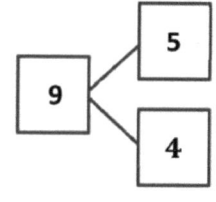

$9 - 5 = \underline{4}$

$9 - \underline{4} = 5$

Je peux imaginer mon dessin de groupes de 5 avec 5 points noirs et 3 points blancs. Cela fait 8

3. Résoudre. Visualise tes groupes de 5 pour t'aider.

$8 - \underline{5} = 3$ 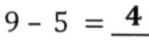        $\underline{8} - 3 = 5$

Si j'imagine 8, il y a un groupe de 5 et un groupe de 3.

Leçon 35 :   Associer les soustractions impliquant des groupes de cinq et des doubles aux décompositions correspondantes.

4. Remplis la phrase numérique et la liaison numérique pour chaque problème.

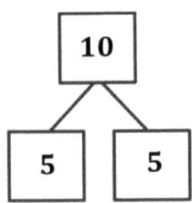

10 - 5 = __5__

5. Relie la phrase numérique à la stratégie qui t'aide à résoudre.

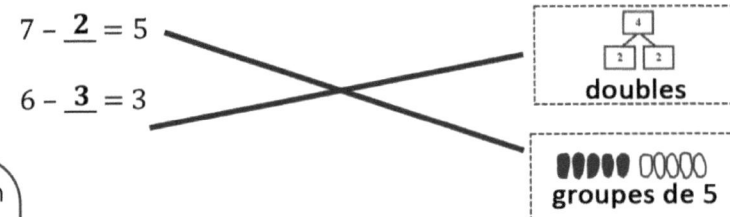

7 - __2__ = 5

6 - __3__ = 3

doubles

groupes de 5

Je peux imaginer mon dessin de groupes de 5. 7 est fait avec un groupe de 5 et un groupe de 2. La partie manquante est 2. Je vais tracer une ligne vers la case du groupe de 5.

Le groupe de 5 qui fait 6 est 5 et 1. Cela ne va pas beaucoup m'aider. Si je peux réfléchir au double qui fait 6... 3 et 3. Oui, 6 - 3 est égal à 3. Les doubles m'ont aidé à résoudre ce problème. Je vais tracer une ligne vers la case des doubles.

Nom _____  Date _____

Résous les ensembles des phrases numériques. Recherche des groupes faciles à barrer.

1. 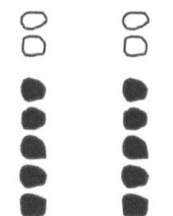   2. 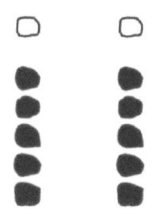   3.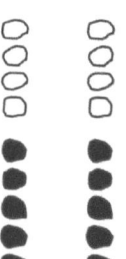

   7 - 5 = ____        6 - 5 = ____        9 - ____ = 4

   7 - 2 = ____        6 - 1 = ____        9 - ____ = 5

Soustraire. Fais un dessin mathématique pour chaque problème comme ceux ci-dessus. Écris une liaison numérique.

4. 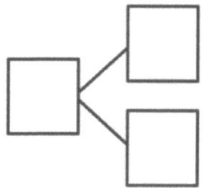                    5.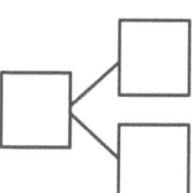

   10 - 5 = ____                            8 - 5 = ____

                                            8 - ____ = 5

6. Résoudre. Visualise des groupes de 5 pour t'aider.

   a. 9 - ____ = 4     b. ____ - 5 = 5     c. 8 - ____ = 5

   d. ____ - 5 = 2     e. ____ - 5 = 3     f. ____ - 4 = 5

Leçon 35 : Associer les soustractions impliquant des groupes de cinq et des doubles aux décompositions correspondantes.

Remplis la phrase numérique et la liaison numérique pour chaque problème.

7.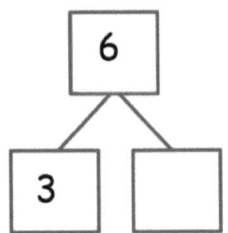

8.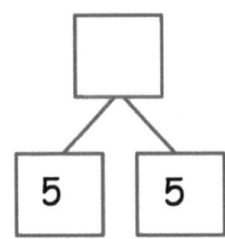

9.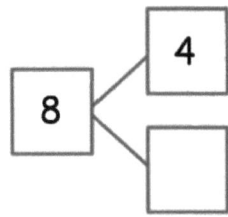

6 - 3 = \_\_\_\_

\_\_\_\_ - 5 = 5

8 - \_\_\_\_ = 4

10. Relie la phrase numérique à la stratégie qui t'aide à résoudre.

a.  7 - \_\_\_ = 2

b.  8 - \_\_\_ = 3

c.  10 - \_\_\_ = 5

d.  \_\_\_ - 3 = 3

e.  8 - \_\_\_ = 4

f.  9 - \_\_\_ = 5

doubles

▮▮▮▮▮ ◌◌◌◌◌
groupes de 5

▮▮▮▮▮ ◌◌◌◌◌
groupes de 5

doubles

▮▮▮▮▮ ◌◌◌◌◌
groupes de 5

doubles

UNE HISTOIRE D'UNITÉS     Leçon 36 Aide aux devoirs  1•1

1. Résous les ensembles des phrases numériques. Recherche des groupes faciles à barrer.

   Je peux trouver le 6 dans 10 très facilement. 6 est composé de 5 points noirs et 1 point blanc. Je peux barrer cela d'un coup. Il me reste 4. 10 − 6 = 4.

   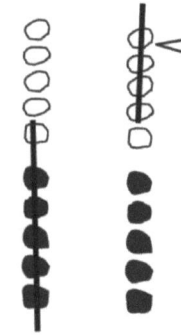

   Pour enlever l'autre partie, je peux barrer 4 de la fin. Il me resterait alors 6. 10 − 4 = 6.

   $10 - 6 = \underline{4}$

   $\underline{10} - \underline{6} = \underline{4}$

2. Soustraire. Écris ensuite la phrase de soustraction associée. Fais un dessin mathématique si nécessaire et complète la liaison numérique pour chacun.

   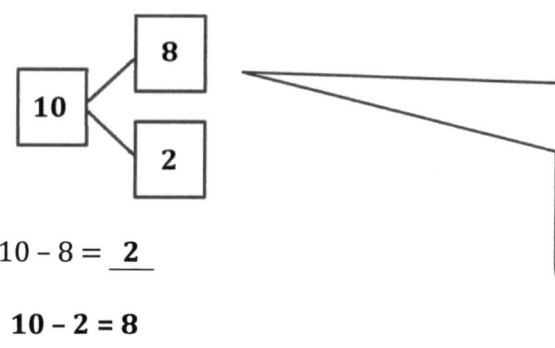

   $10 - 8 = \underline{2}$

   $10 - 2 = 8$

   Je n'ai pas besoin de faire un dessin mathématique. Je sais que 8 et 2 font 10. Dans ma liaison numérique, je sais que le total est 10 et les deux parties sont 8 et 2. Pour écrire ma phrase de soustraction connexe, je dois soustraire l'autre partie. 10 − 2 = 8.

Leçon 36 : Associer la soustraction de 10 aux décompositions correspondantes.

UNE HISTOIRE D'UNITÉS

**Leçon 36 Aide aux devoirs** 1•1

3. Remplis la phrase numérique et la liaison numérique pour chaque problème. Relie la liaison numérique au problème de soustraction connexe. Écris l'autre phrase numérique de soustraction connexe.

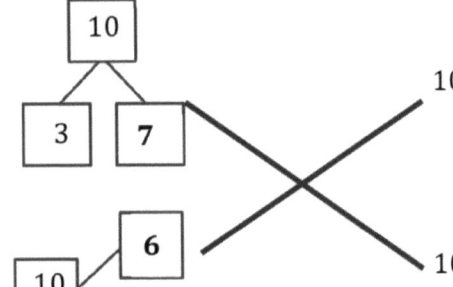

10 − 6 = __4__              __10__ − __4__ = __6__

10 − 7 = __3__              __10__ − __3__ = __7__

> Je connais mes partenaires jusqu'à 10. 3 et 7 font 10. 4 et 6 font 10.

> Je dois chercher la phrase de soustraction qui enlève une partie. Je peux faire correspondre 10 − 7 avec la première liaison numérique. La partie manquante est 3. Ensuite, j'écrirai une deuxième phrase de soustraction pour montrer la suppression de l'AUTRE partie. Cela serait 10 − 3 = 7.

Leçon 36 : Associer la soustraction de 10 aux décompositions correspondantes.

UNE HISTOIRE D'UNITÉS  Leçon 36 Devoirs  1•1

Nom _____   Date _____

Fais un dessin mathématique et résous. Utilise la première phrase numérique pour t'aider à écrire une phrase numérique connexe qui correspond à ton image.

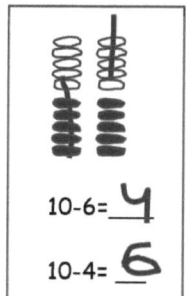

10-6= 4

10-4= 6

1.

10 - 2 = _____

___ - ___ = ___

2.

10 - 1 = _____

___ - ___ = ___

3.

10 - 7 = _____

___ - ___ = ___

Soustraire. Écris ensuite la phrase de soustraction associée. Fais un dessin mathématique si nécessaire et complète une liaison numérique pour chacun.

4.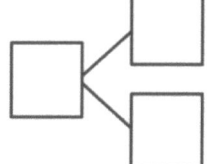

10 - 2 = ___

_____

5.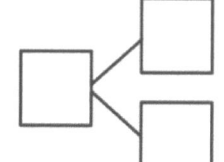

10 - ___ = 9

_____

6.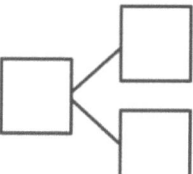

10 - ___ = 6

_____

7.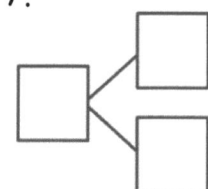

10 - ___ = 1

_____

8.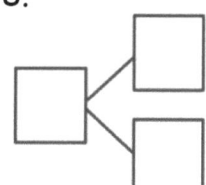

___ = 10 - 5

_____

Leçon 36 : Associer la soustraction de 10 aux décompositions correspondantes.

9. Remplis la liaison numérique. Relie la liaison numérique au problème de soustraction connexe. Écris l'autre phrase numérique de soustraction connexe.

a.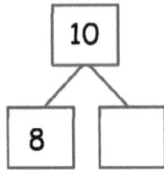

10 - 5 = _____          ____ - ____ = ____

b.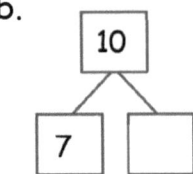

10 - 1 = _____          ____ - ____ = ____

c.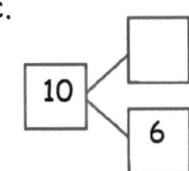

10 - 2 = _____          ____ - ____ = ____

d.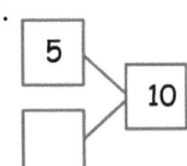

10 - 4 = _____          ____ - ____ = ____

e.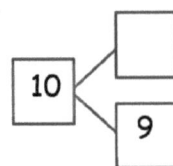

10 - 3 = _____          ____ - ____ = ____

# Leçon 37 Aide aux devoirs

1. Fais des dessins de groupes de 5 et résous. Utilise la première phrase numérique pour t'aider à écrire une phrase numérique connexe qui correspond à ton image.

   > Je peux trouver le 6 dans 9 très facilement. 6 est composé de 5 points noirs et 1 point blanc. Je peux barrer cela d'un coup. Il me reste 3. $9 - 6 = 3$.

   > Pour enlever l'autre partie, je peux rayer 3 de la fin. Il me resterait alors 6. $9 - 3 = 6$.

   $9 - 6 = \underline{3}$

   $\underline{9} - \underline{3} = \underline{6}$

2. Soustraire. Écris ensuite la phrase de soustraction associée. Fais un dessin mathématique si nécessaire et complète la liaison numérique pour chacun.

   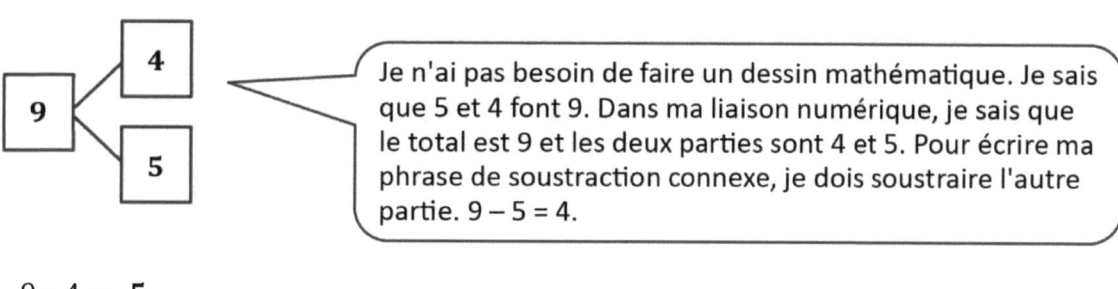

   > Je n'ai pas besoin de faire un dessin mathématique. Je sais que 5 et 4 font 9. Dans ma liaison numérique, je sais que le total est 9 et les deux parties sont 4 et 5. Pour écrire ma phrase de soustraction connexe, je dois soustraire l'autre partie. $9 - 5 = 4$.

   $9 - 4 = \underline{5}$

   $\underline{9 - 5 = 4}$

   Leçon 37 : Associer la soustraction de 9 aux décompositions correspondantes.

UNE HISTOIRE D'UNITÉS  Leçon 37 Aide aux devoirs  1•1

3. Utilise des dessins de groupes de 5 pour t'aider à compléter la liaison numérique. Relie la liaison numérique au problème de soustraction connexe. Écris l'autre phrase numérique de soustraction connexe.

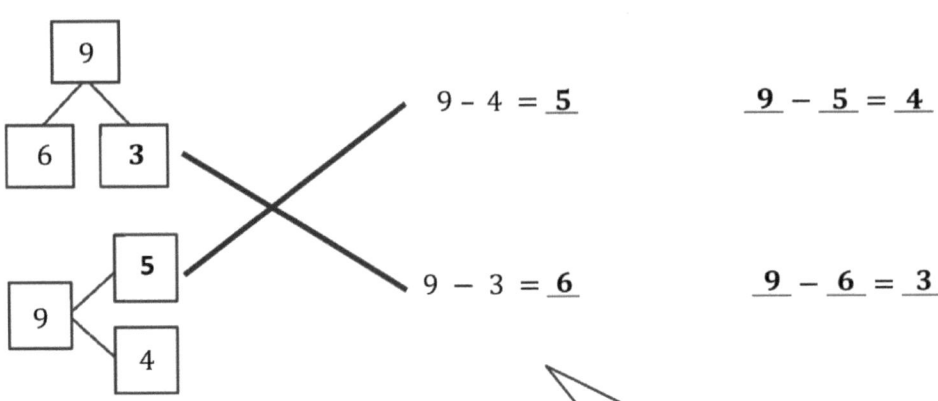

$9 - 4 = \underline{5}$     $\underline{9} - \underline{5} = \underline{4}$

$9 - 3 = \underline{6}$     $\underline{9} - \underline{6} = \underline{3}$

> Je peux penser à mes dessins de groupes de 5 pour m'aider. Lorsque j'imagine 9 et que j'enlève 4, cela me laisse avec 5. Je pourrais faire un dessin si je veux, mais je n'en ai pas besoin. 9 est composé de 5 et 4.

> Je dois chercher la phrase de soustraction qui enlève une partie. Je peux faire correspondre 9 − 3 avec la première liaison numérique. La partie manquante est 6. Ensuite, j'écrirai une deuxième phrase de soustraction pour montrer la suppression de l'AUTRE partie. Cela serait 9 − 6 = 3.

Leçon 37 : Associer la soustraction de 9 aux décompositions correspondantes.

UNE HISTOIRE D'UNITÉS  Leçon 37 Devoirs  1•1

Nom _____  Date _____

Fais des dessins de groupes de 5 et résous. Utilise la première phrase numérique pour t'aider à écrire une phrase numérique connexe qui correspond à ton image.

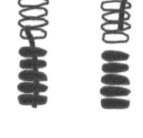

9-6= 3
9-3= 6

1.  2.  3.

9 - 2 = ___    9 - 8 = ___    9 - 4 = ___

___ - ___ = ___    ___ - ___ = ___    ___ - ___ = ___

Soustraire. Écris ensuite la phrase de soustraction associée. Fais un dessin mathématique si nécessaire et complète une liaison numérique pour chacun.

4. 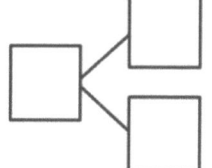    5. 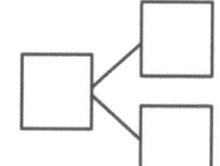    6.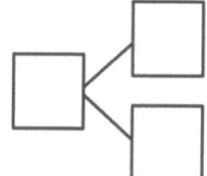

9 - 7 = ___    9 - ___ = 9    9 - ___ = 6

_____    _____    _____

7. 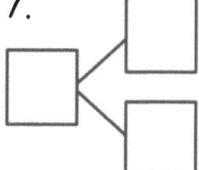    8.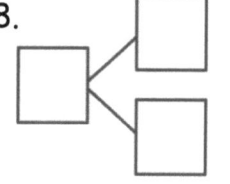

9 - ___ = 1    ___ = 9 - 5

_____    _____

Leçon 37 : Associer la soustraction de 9 aux décompositions correspondantes.

9. Utilise des dessins de groupes de 5 pour t'aider à compléter la liaison numérique. Fais correspondre la liaison numérique au problème de soustraction connexe. Écris l'autre phrase numérique de soustraction connexe.

a. 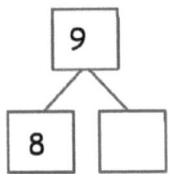   9 - 5 = _____   \_\_\_\_ - \_\_\_\_ = \_\_\_\_

b. 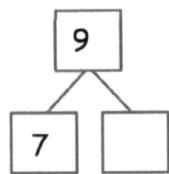   9 - 1 = _____   \_\_\_\_ - \_\_\_\_ = \_\_\_\_

c. 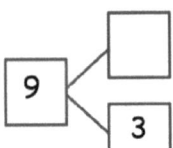   9 - 2 = _____   \_\_\_\_ - \_\_\_\_ = \_\_\_\_

d. 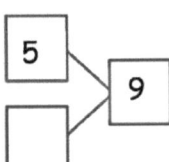   9 - 6 = _____   \_\_\_\_ - \_\_\_\_ = \_\_\_\_

e. 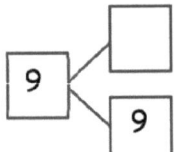   9 - _____ = 0   \_\_\_\_ - \_\_\_\_ = \_\_\_\_

UNE HISTOIRE D'UNITÉS — Leçon 38 Aide aux devoirs  1•1

Trouve et résous les problèmes d'addition qui sont des doubles et des groupes de 5.

Fais des cartes de support visuel de soustraction pour les calculs de soustraction associés. (N'oublie pas que les doubles ne feront qu'un seul fait de soustraction lié au lieu de deux faits associés.)

Crée une carte de liaison numérique et utilise tes cartes pour jouer à Memory.

| 5 + 0 | 5 + 1 | 5 + 2 | 5 + 3 | 5 + 4 | 5 + 5 |
|-------|-------|-------|-------|-------|-------|
| 6 + 0 | 6 + 1 | 6 + 2 | 6 + 3 | 6 + 4 |       |
| 7 + 0 | 7 + 1 | 7 + 2 | 7 + 3 |       |       |
| 8 + 0 | 8 + 1 | 8 + 2 |       |       |       |
| 9 + 0 | 9 + 1 |       |       |       |       |
| 10 + 0 |      |       |       |       |       |

> 5 + 5 = 10 est un est un double utilise les groupes de 5. Les 2 nombres à ajouter sont 5.

> 5 + 4 utilise un groupe de 5 puisque 5 est l'un des nombres à ajouter. Je vais faire les cartes de support visuel de soustraction 9 − 5 = 4 et 9 − 4 = 5. Cette ligne contient plus de calculs qui utilisent un groupe de 5.

5 + 4 = 9

9 − 4 = 5

9 − 5 = 4

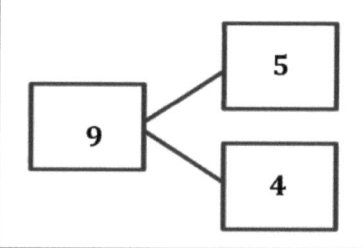

> 5 et 4 sont les parties qui font 9.

Leçon 38 : Rechercher et utiliser le raisonnement et la structure répétés en utilisant le tableau d'addition pour résoudre les problèmes de soustraction.

UNE HISTOIRE D'UNITÉS

Leçon 38 Devoirs  1•1

Nom _____  Date _____

Trouve et résous les 7 problèmes d'addition non-ombrés qui sont des doubles et groupes de 5.

Fais des cartes de support visuel de soustraction pour les calculs de soustraction associés. (N'oublie pas que les doubles ne feront qu'un seul calcul de soustraction lié au lieu de deux calculs associés.)

Fais une carte de liaison numérique et utilise tes cartes pour jouer à Memory.

| 1 + 0 | 1 + 1 | 1 + 2 | 1 + 3 | 1 + 4 | 1 + 5 | 1 + 6 | 1 + 7 | 1 + 8 | 1 + 9 |
|---|---|---|---|---|---|---|---|---|---|
| 2 + 0 | 2 + 1 | 2 + 2 | 2 + 3 | 2 + 4 | 2 + 5 | 2 + 6 | 2 + 7 | 2 + 8 | |
| 3 + 0 | 3 + 1 | 3 + 2 | 3 + 3 | 3 + 4 | 3 + 5 | 3 + 6 | 3 + 7 | | |
| 4 + 0 | 4 + 1 | 4 + 2 | 4 + 3 | 4 + 4 | 4 + 5 | 4 + 6 | | | |
| 5 + 0 | 5 + 1 | 5 + 2 | 5 + 3 | 5 + 4 | 5 + 5 | | | | |
| 6 + 0 | 6 + 1 | 6 + 2 | 6 + 3 | 6 + 4 | | | | | |
| 7 + 0 | 7 + 1 | 7 + 2 | 7 + 3 | | | | | | |
| 8 + 0 | 8 + 1 | 8 + 2 | | | | | | | |
| 9 + 0 | 9 + 1 | | | | | | | | |
| 10 + 0 | | | | | | | | | |

Leçon 38 : Rechercher et utiliser le raisonnement et la structure répétés en utilisant le tableau d'addition pour résoudre les problèmes de soustraction.

UNE HISTOIRE D'UNITÉS  
Leçon 38 Devoirs 1•1

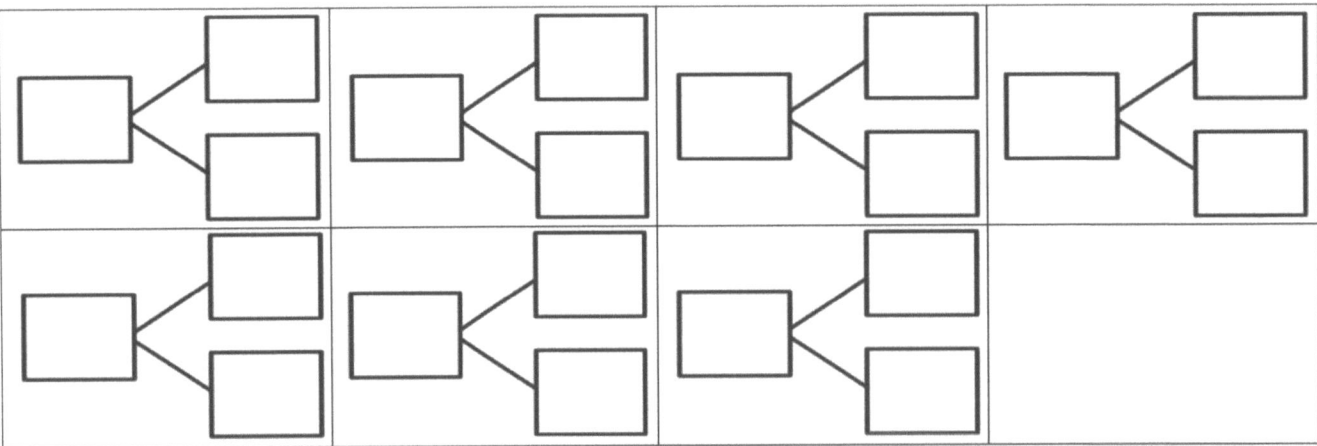

158 Leçon 38 : Rechercher et utiliser le raisonnement et la structure répétés en utilisant le tableau d'addition pour résoudre les problèmes de soustraction.

Résous les problèmes d'addition non-ombrés ci-dessous. Écris les deux soustractions qui auraient la même liaison numérique. Pour t'aider à pratiquer encore plus tes faits d'addition et de soustraction, crée tes propres cartes de support visuel de liaison numérique.

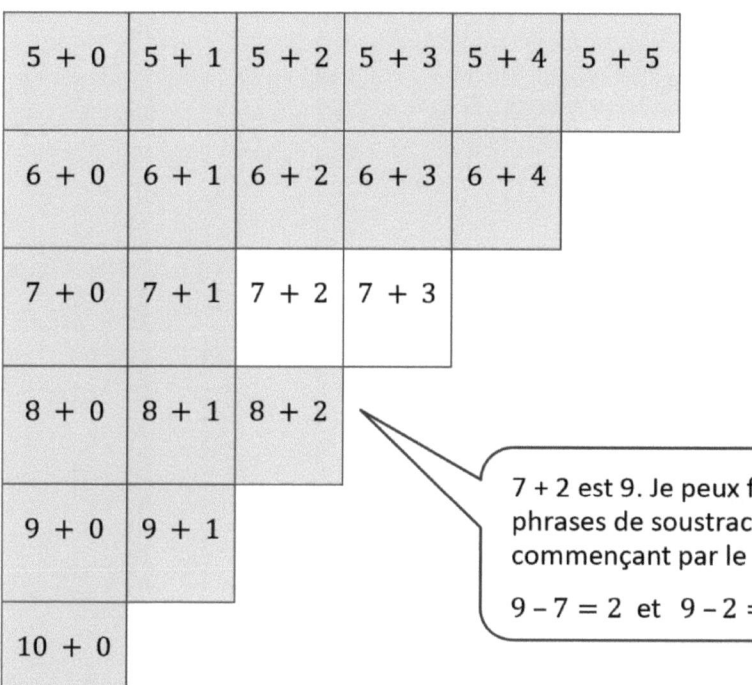

7 + 2 est 9. Je peux faire deux phrases de soustraction, en commençant par le total de 9.

9 − 7 = 2 et 9 − 2 = 7.

| 9 − 7 = 2 | 9 − 2 = 7 |
|---|---|
| 10 − 7 = 3 | 10 − 3 = 7 |

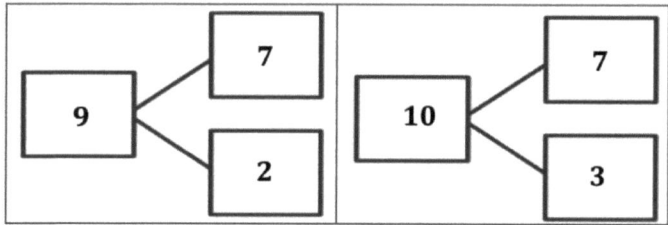

Leçon 39 : Analyser le tableau d'addition pour créer des séries de calculs d'addition et de soustraction associés.

UNE HISTOIRE D'UNITÉS                    Leçon 39 Devoirs  1•1

Nom _____     Date _____

Résous les problèmes d'addition non-ombrés ci-dessous.

| 1 + 0 | 1 + 1 | 1 + 2 | 1 + 3 | 1 + 4 | 1 + 5 | 1 + 6 | 1 + 7 | 1 + 8 | 1 + 9 |
|-------|-------|-------|-------|-------|-------|-------|-------|-------|-------|
| 2 + 0 | 2 + 1 | 2 + 2 | 2 + 3 | 2 + 4 | 2 + 5 | 2 + 6 | 2 + 7 | 2 + 8 |       |
| 3 + 0 | 3 + 1 | 3 + 2 | 3 + 3 | 3 + 4 | 3 + 5 | 3 + 6 | 3 + 7 |       |       |
| 4 + 0 | 4 + 1 | 4 + 2 | 4 + 3 | 4 + 4 | 4 + 5 | 4 + 6 |       |       |       |
| 5 + 0 | 5 + 1 | 5 + 2 | 5 + 3 | 5 + 4 | 5 + 5 |       |       |       |       |
| 6 + 0 | 6 + 1 | 6 + 2 | 6 + 3 | 6 + 4 |       |       |       |       |       |
| 7 + 0 | 7 + 1 | 7 + 2 | 7 + 3 |       |       |       |       |       |       |
| 8 + 0 | 8 + 1 | 8 + 2 |       |       |       |       |       |       |       |
| 9 + 0 | 9 + 1 |       |       |       |       |       |       |       |       |
| 10 + 0|       |       |       |       |       |       |       |       |       |

4 + 2

Choisis un calcul supplémentaire dans le tableau. Utilise la grille pour écrire les deux calculs de soustraction qui auraient la même liaison numérique. Répète l'opération pour créer un ensemble de cartes de support visuel de soustraction. Pour t'aider à pratiquer encore plus tes calculs d'addition et de soustraction, crée tes propres cartes de support visuel de liaison numérique avec les modèles de la dernière page.

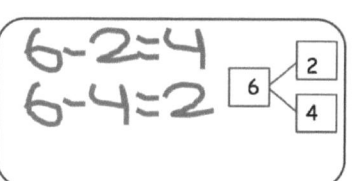

Leçon 39 : Analyser le tableau d'addition pour créer des séries de calculs d'addition et de soustraction associés.

# Leçon 39 Devoirs

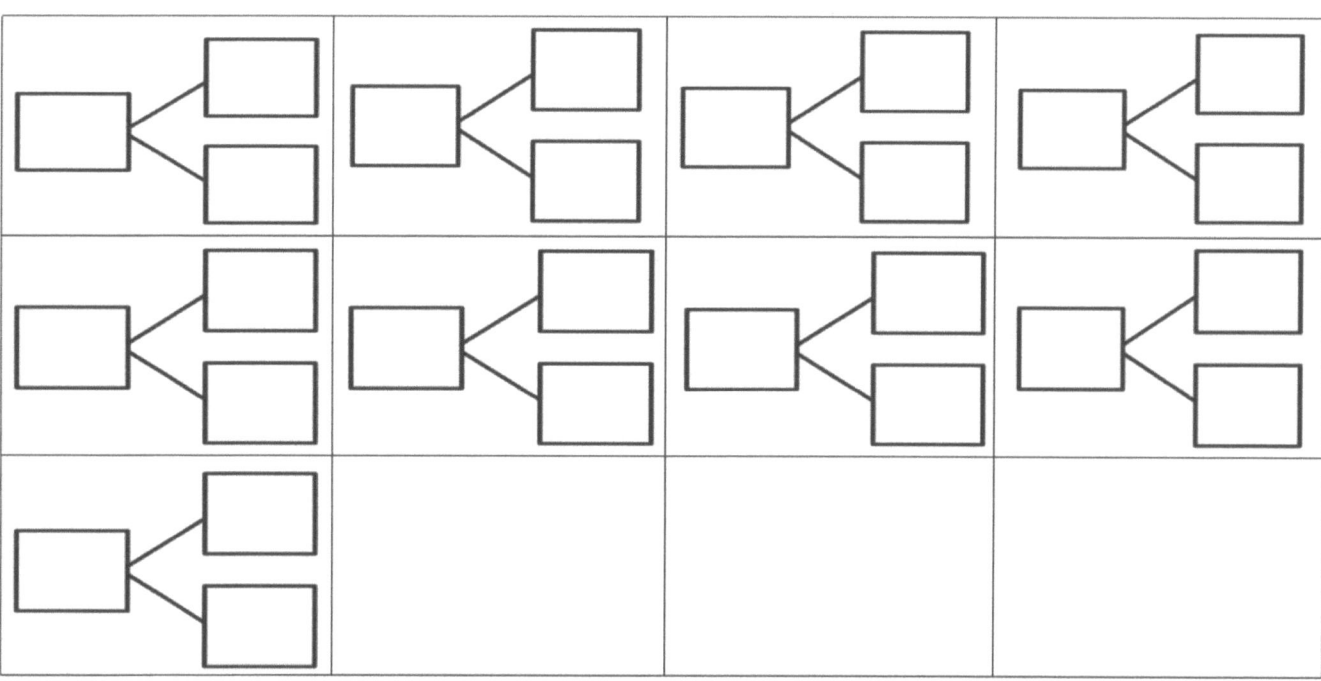

Leçon 39 : Analyser le tableau d'addition pour créer des séries de calculs d'addition et de soustraction associés.

# 1ère année

# Module 2

# UNE HISTOIRE D'UNITÉS — Leçon 1 Aide aux devoirs

Lis l'histoire des mathématiques. Fais un dessin mathématique simple avec des étiquettes. Entoure 10 et résous.

Maddy va à l'étang et attrape 8 insectes, 3 grenouilles et 2 têtards. Combien d'animaux a-t-elle attrapé au total ?

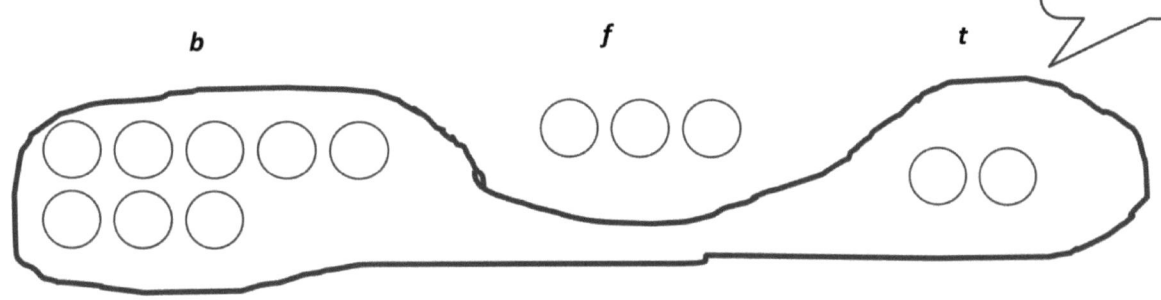

10 est un nombre tellement sympa !

$8 + 3 + 2 = 13$
$8 + 2 = 10$
$10 + 3 = 13$

J'en ai 10 et 3 de plus. Cela fait 13 animaux !

Je peux faire dix en ajoutant 8 et 2. Je peux faire un groupe avec 8 et 2, tout comme nous avons mis une chaîne autour d'eux en classe !

Maddy a attrapé __13__ animaux.

Leçon 1 : Résous les problèmes de mots avec trois nombres à ajouter, dont deux font dix.

Nom _____  Date _____

Lis l'histoire des mathématiques. Fais un dessin mathématique simple avec des étiquettes. (Entoure) 10 et résous.

1. Chris a acheté des friandises. Il a acheté 5 barres granola, 6 boîtes de raisins secs et 4 biscuits. Combien de friandises Chris a-t-il achetées ?

____ + ____ + ____ = ____

10 + ____ = ____

Chris a acheté ____ friandises.

---

2. Cindy a 5 chats, 7 poissons rouges et 5 chiens. Combien d'animaux domestiques a-t-elle au total ?

____ + ____ + ____ = ____

10 + ____ = ____

Cindy a ____ animaux domestiques.

Leçon 1: Résous les problèmes de mots avec trois nombres à ajouter, dont deux font dix.

UNE HISTOIRE D'UNITÉS                                          Leçon 1 Devoirs

3. Mary obtient des autocollants à l'école pour son bon travail. Elle a obtenu 7 autocollants gonflés, 6 autocollants malodorants et 3 autocollants plats. Combien d'autocollants Mary a-t-elle obtenus au total ?

_____ + _____ + _____ = _____

10 + _____ = _____

Mary a obtenu _____ autocollants à l'école.

---

4. Jim était assis à une table avec 4 enseignants et 9 enfants. Combien de personnes étaient à la table une fois que Jim s'était assis ?

_____ + _____ + _____ = _____

_____ + _____ = _____

Il y avait _____ personnes à la table une fois que Jim s'était assis.

Leçon 1 : Résous les problèmes de mots avec trois nombres à ajouter, dont deux font dix.

1. Entoure les nombres qui font dix. Fais un dessin. Complète la phrase numérique.

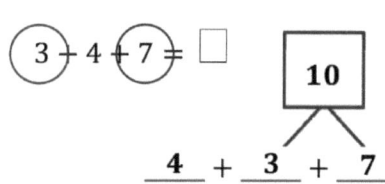

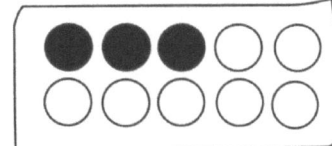

3 + ④ + ⑦ = ☐       10
                    ╱  ╲
__4__ + __3__ + __7__          __4__ + [10] = __14__

Je peux réorganiser les nombres pour montrer la stratégie pour arriver à dix ! Lorsque j'ajoute des sommes dans différents ordres, j'obtiens le même total.

Je peux maintenant terminer la nouvelle phrase numérique qui montre comment je viens de faire dix. Les deux phrases numériques ont le même total, 14.

Je peux d'abord dessiner un groupe de 3 et 7 parce que je sais qu'ensemble ils font dix. Je peux entourer le groupe de dix comme nous l'avons fait avec la chaîne.

2. Entoure les nombres qui font dix, et mets-les dans une liaison numérique. Écris une nouvelle phrase numérique.

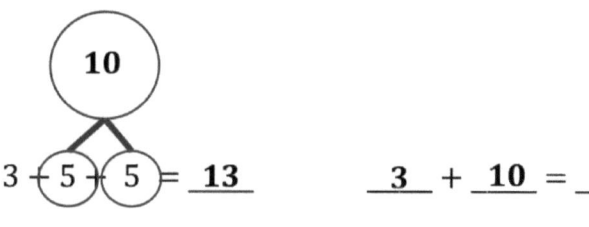

3 + ⑤ + ⑤ = __13__          __3__ + __10__ = __13__

Je peux dessiner une liaison numérique pour montrer comment je vais faire dix à partir de deux nombres.

Voici ma nouvelle phrase numérique. 10 et 3 de plus sont égaux à 13.

Leçon 2: Utilise les propriétés associatives et commutatives pour arriver à dix avec trois nombres à ajouter.

Nom _____ Date _____

Ⓔntoure les nombres qui font dix. Fais un dessin. Complète la phrase numérique.

1. ⑥ + 2 + ④ = ☐

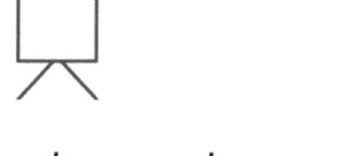

__6__ + ____ + __2__         [10] + ____ = ____

---

2. 5 + 3 + 5 = ☐

____ + ____ + ____         10 + ____ = ____

---

3. 5 + 2 + 8 = ☐

____ + ____ + ____         ____ + 10 = ____

4. $2 + 7 + 3 = \square$

\_\_\_\_ + \_\_\_\_ + \_\_\_\_            \_\_\_\_ + 10 = \_\_\_\_

---

Entoure les nombres qui font dix, et mets-les dans une liaison numérique. Écris une nouvelle phrase numérique.

5.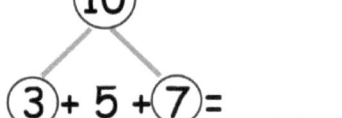

                                  \_\_\_\_ + \_\_\_\_ = \_\_\_\_

---

6.

     $4 + 8 + 2 =$ \_\_\_\_                      \_\_\_\_ + \_\_\_\_ = \_\_\_\_

---

Défi : Entoure les nombres à ajouter qui font dix. Entoure les vraies phrases numériques.

    a. ⑤ + ⑤ + 3 = 10 + 3          c. $3 + 8 + 7 = 10 + 6$

    b. $4 + 6 + 6 = 10 + 6$             d. $8 + 9 + 2 = 9 + 10$

| UNE HISTOIRE D'UNITÉS | Leçon 3 Aide aux devoirs | 12•

Dessine, étiquette et (Entoure) pour montrer comment tu es arrivé(e) à dix pour t'aider à résoudre.

Complète les phrases numériques.

1. Todd a 9 raisins secs, et Jenny en a 3. Combien de raisins secs ont-ils au total ?

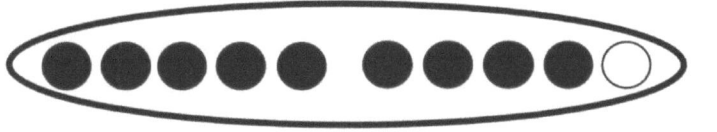

T          J

> Je peux faire dix en mettant 1 des raisins secs de Jenny dans la pile de Todd. La pile de Todd avait 9 raisins secs, mais maintenant ça en a 10. Quand je fais 10 avec les 9 raisins secs de Todd et 1 des raisins secs de Jenny, il reste 2 raisins secs dans la pile de Jenny.

> Je peux dessiner 9 cercles remplis pour montrer combien de raisins secs Todd a et 3 cercles ouverts pour montrer combien de raisins secs Jenny a.

9 et __3__ est égal à __12__.

10 et __2__ est égal à __12__.

Todd et Jenny ont au total __12__ raisins secs.

> Regarde ! 9 et 3 sont identiques à 10 et 2. Ils font tous les deux 12.

2. Il y a 7 enfants assis sur le tapis et 9 enfants debout. Combien d'enfants y a-t-il au total ?

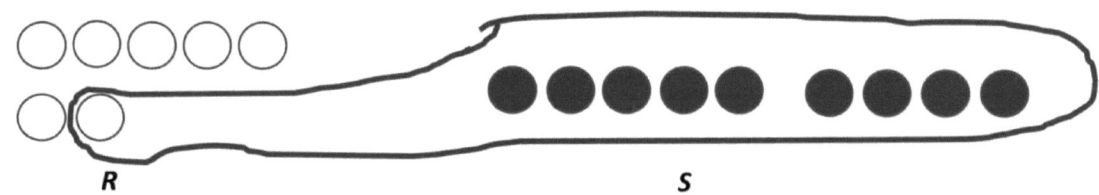

R          S

> Je remarque un schéma! Chaque fois que j'en fais 10 aujourd'hui, l'autre addend se retrouve avec 1 de moins. 7 devient 6.

> Je peux étiqueter mes dessins, R pour «Tapis» et 5 pour «Debout».

$9 + \underline{7} = \underline{16}$

$10 + \underline{6} = \underline{16}$

Il y a __16__ enfants en tout.

> Faire dix est plus efficace que de compter sur 7 pour en ajouter!

Leçon 3 : Arrive à dix quand un nombre à ajouter est 9.

UNE HISTOIRE D'UNITÉS

Leçon 3 Devoirs 12•

Nom _____    Date _____

Dessine, étiquette et (entoure) pour montrer comment tu es arrivé(e) à dix pour t'aider à résoudre.

Complète les phrases numériques.

1. Ron a 9 billes et Sue a 4 billes.
   Combien de billes ont-ils au total ?

   9 et _____ font _____ .

   10 et _____ font _____ .

   Ron et Sue ont _____ billes.

---

2. Jim a 5 voitures et Tina en a 9. Combien de voitures ont-ils au total ?

   9 et _____ font _____ .

   10 et _____ font _____ .

   Jim et Tina ont _____ voitures.

Leçon 3 : Arrive à dix quand un nombre à ajouter est 9.

UNE HISTOIRE D'UNITÉS

Leçon 3 Devoirs

3. Stan a 6 poissons et Meg en a 9. Combien de poissons ont-ils au total ?

9 + ____ = ____

10 + ____ = ____          Stan et Meg ont ____ poissons.

4. Rick a préparé 7 biscuits et maman en a préparé 9. Combien de biscuits Rick et maman ont-ils préparés ?

9 + ____ = ____

10 + ____ = ____          Rick et maman ont préparé ____ biscuits.

5. Papa a 8 stylos et Tony en a 9. Combien de stylos papa et Tony ont-ils au total ?

9 + ____ = ____

10 + ____ = ____

Papa et Tony ont ____ stylos.

Leçon 3 : Arrive à dix quand un nombre à ajouter est 9.

UNE HISTOIRE D'UNITÉS     Leçon 4 Aide aux devoirs

1. Résous. Fais des dessins mathématiques en utilisant une grille de dix pour montrer comment tu as fait dix pour résoudre.

   8 + 9 = __17__          __10__ + __7__ = __17__

   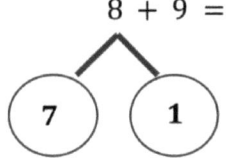

   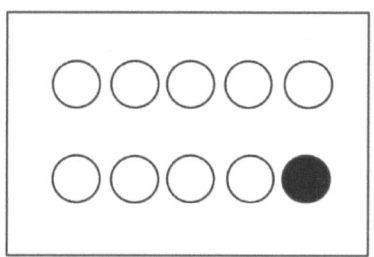   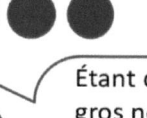

   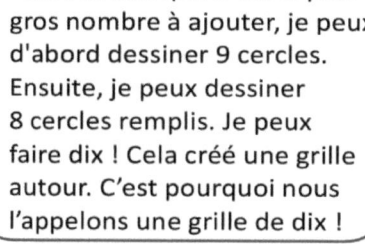

   Étant donné que 9 est le plus gros nombre à ajouter, je peux d'abord dessiner 9 cercles. Ensuite, je peux dessiner 8 cercles remplis. Je peux faire dix ! Cela créé une grille autour. C'est pourquoi nous l'appelons une grille de dix !

2. Fais correspondre les phrases numériques aux liaisons que tu as utilisées pour t'aider à arriver à dix.

   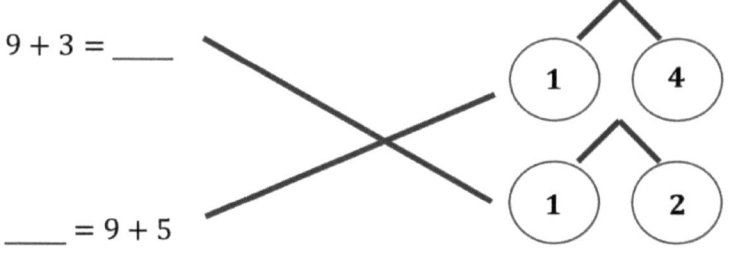

   9 + 3 = ___

   ___ = 9 + 5

   Je peux séparer 3 en 1 et 2. Je sais que 9 et 1 font dix ! 9 + 3 est identique à 10 + 2.

3. Montre comment les expressions sont égales.

   Utilise des liaisons numériques pour arriver à dix dans l'expression de faits sur 9 + dans la vraie phrase numérique. Dessine pour montrer le total.

   10 + 6 = 9 + 7

   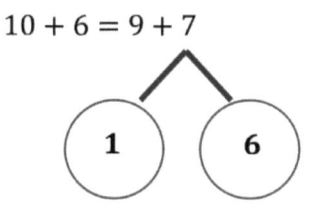

   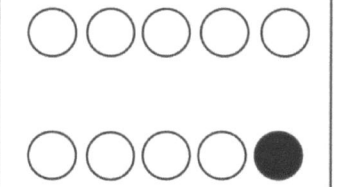

   9 a besoin de 1 de plus pour faire dix ! Ma liaison numérique m'aide à voir que lorsque j'enlève 1 de 7 pour faire 10, l'autre nombre est 1 de moins. 10 + 6 est facile à résoudre !

   Leçon 4 : Arrive à dix quand un nombre à ajouter est 9.

UNE HISTOIRE D'UNITÉS

Leçon 4 Devoirs

Nom _____  Date _____

Résous. Fais des dessins mathématiques en utilisant la grille de dix pour montrer comment tu es arrivé à 10 pour résoudre.

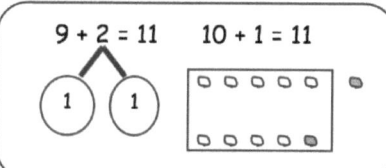

1. 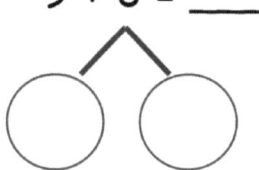    ____ + ____ = ____

2.     ____ + ____ = ____

3. 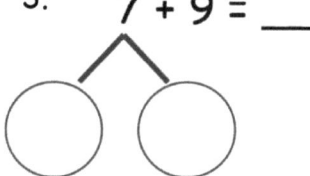    ____ + ____ = ____

Leçon 4 : Arrive à dix quand un nombre à ajouter est 9.

UNE HISTOIRE D'UNITÉS  Leçon 4 Devoirs  12

4. Fais correspondre les phrases numériques aux liaisons que tu as utilisées pour t'aider à arriver à dix.

a.  9 + 8 =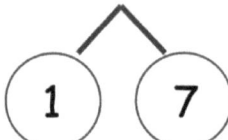

b.  = 9 + 6

c.  7 + 9 =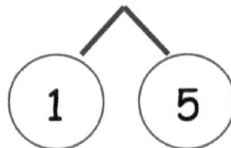

---

5. Montre comment les expressions sont égales.

   Utilise des liaisons de nombres pour arriver à dix dans les expressions de faits sur 9+ dans la vraie phrase numérique. Dessine pour afficher le total.

   a. 9 + 2 = 10 + 1   |   b. 10 + 3 = 9 + 4   |   c. 5 + 10 = 6 + 9

   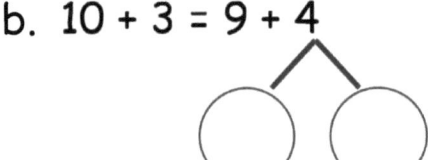

Leçon 4 : Arrive à dix quand un nombre à ajouter est 9.

1. Résous les phrases numériques. Utilise des liaisons numériques pour montrer ton raisonnement. Écris les faits sur 10+ et la nouvelle liaison numérique.

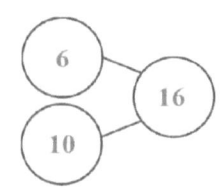

9 + 7 = __16__     __10__ + __6__ = __16__

Résous. Fais correspondre la phrase numérique à la liaison numérique 10+.

9 + 4 = __13__     9 + 9 = __18__

> 9 + 7 est égal à 10 + 6, mais lorsque je dessine ma liaison numérique, il est beaucoup plus facile de résoudre quand une partie vaut 10.

> Quand je fais des liaisons numériques avec dix en tant que partie, je peux résoudre rapidement, car 10 est un nombre sympa et je connais mes 10 + faits !

2. Utilise une stratégie efficace pour résoudre les phrases numériques.

6 + 9 = __15__     10 + 5 = 15

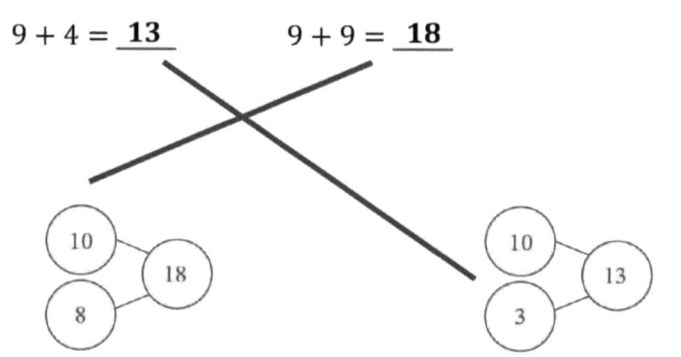

 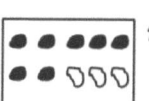 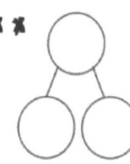

Addition   Faire dix   Liaison numérique

> Je peux utiliser la stratégie pour arriver à dix pour résoudre rapidement. Il faudrait trop de temps pour compter depuis 6.

9 + 2 = __11__

> C'est facile pour moi de compter de 2 en 2 pour résoudre. Neuf, 10, 11.

Leçon 5: Compare l'efficacité de compter et d'arriver à dix lorsqu'un nombre à ajouter est 9.

UNE HISTOIRE D'UNITÉS

Leçon 5 Devoirs  12•

Nom _____  Date _____

Résous les phrases numériques. Utilise des liaisons numériques pour montrer ton raisonnement. Écris les faits sur 10 + et la nouvelle liaison numérique.

1.  9 + 6 = _____        10 + _____ = _____

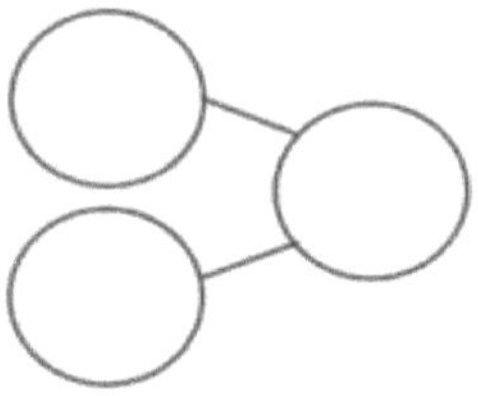

2.  9 + 8 = _____        _____ + _____ = _____

3.  5 + 9 = _____        _____ + _____ = _____

4.  7 + 9 = _____        _____ + _____ = _____

Leçon 5 : Compare l'efficacité de compter et d'arriver à dix lorsqu'un nombre à ajouter est 9.

5. Résous. Fais correspondre la phrase numérique à la liaison numérique 10 +.

   a. 9 + 5 = _____    b. 9 + 6 = _____    c. 9 + 8 = _____

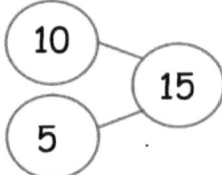 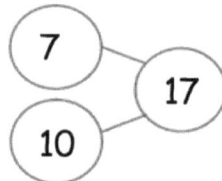 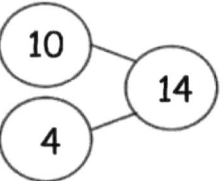

Utilise une stratégie efficace pour résoudre les phrases numériques.

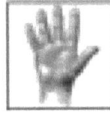 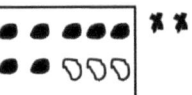 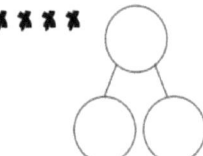

6. 9 + 7 = _____    7. 9 + 2 = _____    8. 9 + 1 = _____

9. 8 + 9 = _____    10. 4 + 9 = _____    11. 9 + 9 = _____

1. Résous. Utilise tes liaisons numériques. Trace une ligne pour correspondre aux faits connexes. Écris les informations des faits sur 10+ connexes.

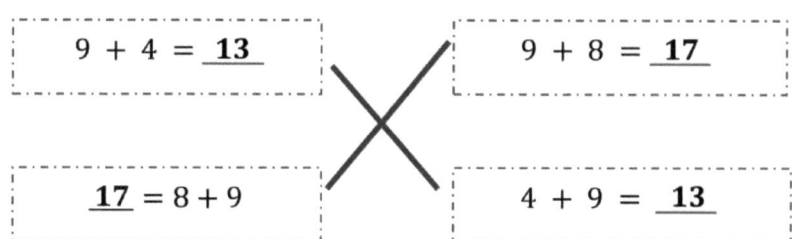

$10 + 7 = 17$

$10 + 3 = 13$

Je ne dois pas toujours commencer par le premier nombre lorsque j'ajoute, tant que j'ajoute toutes les parties. Je peux commencer par 4 ou par 9. Quoi qu'il en soit, mon total sera de 13.

2. Complète les phrases d'addition pour les rendre vraies.

$\underline{15} = 9 + 6$
$10 + \underline{9} = 19$
$\underline{10} + 7 = 17$

Je sais que si le total est de 19 et qu'une partie est de 10, alors l'autre partie doit être de 9.
10 et 9 font 19. 9 et 10 font 19, aussi !

3. Trouve et colorie l'expression qui est égale à l'expression sur le chapeau du bonhomme de neige. Écris la vraie phrase numérique.

$\underline{10 + 5} = \underline{6 + 9}$

Pour résoudre 6 + 9, j'aime faire dix avec le 9. Je peux imaginer séparer les 6 en 5 et 1 puisque 9 a besoin de 1 pour faire dix !

Leçon 6 : Utilise la propriété commutative pour faire dix.

Nom _____ Date _____

1. Résous. Utilise tes liaisons numériques. Trace une ligne pour faire correspondre les faits connexes. Écris le fait sur 10+ connexe.

   a. 9 + 6 = ____          ____ = 9 + 8

   b. ____ = 3 + 9          ____ = 7 + 9

   c. ____ = 9 + 5          6 + 9 = ____        $10 + 5 = 15$

   d. 8 + 9 = ____          9 + 3 = ____

   e. 9 + 7 = ____          5 + 9 = ____

2. Complète les phrases d'addition pour les rendre vraies.

   a. 3 + 10 = ____         f. ____ = 7 + 9

   b. 4 + 9 = ____          g. 10 + ____ = 18

   c. 10 + 5 = ____         h. 9 + 8 = ____

   d. 9 + 6 = ____          i. ____ + 9 = 19

   e. 7 + 10 = ____         j. 5 + 9 = ____

Leçon 6: Utilise la propriété commutative pour faire dix.

UNE HISTOIRE D'UNITÉS

Leçon 6 Devoirs

3. Trouve et colorie l'expression qui est égale à l'expression sur le chapeau du bonhomme de neige. Écris la vraie phrase numérique ci-dessous.

a.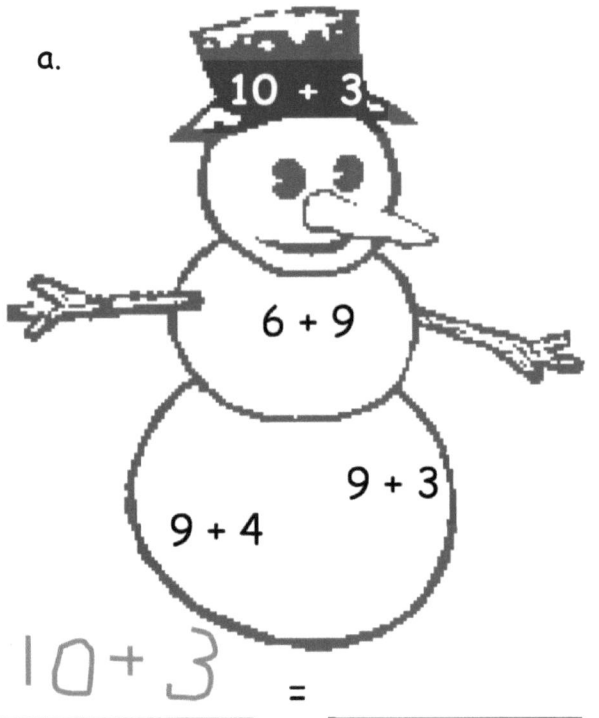

10 + 3 = _____

b.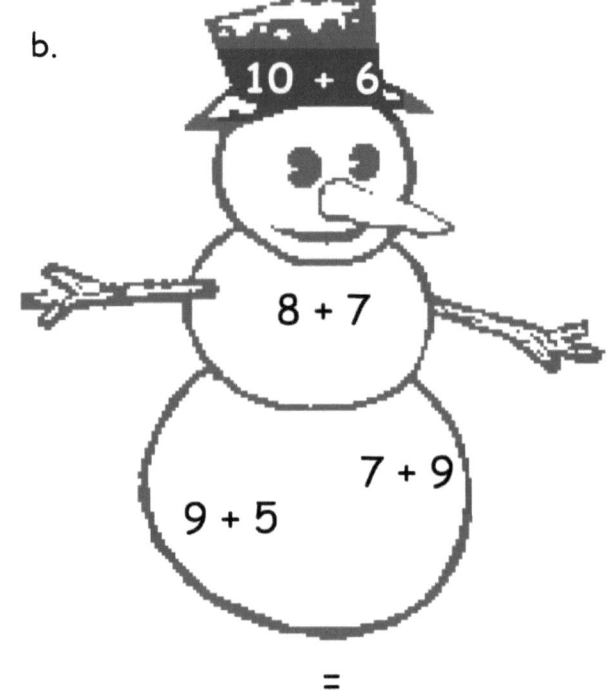

_____ = _____

c.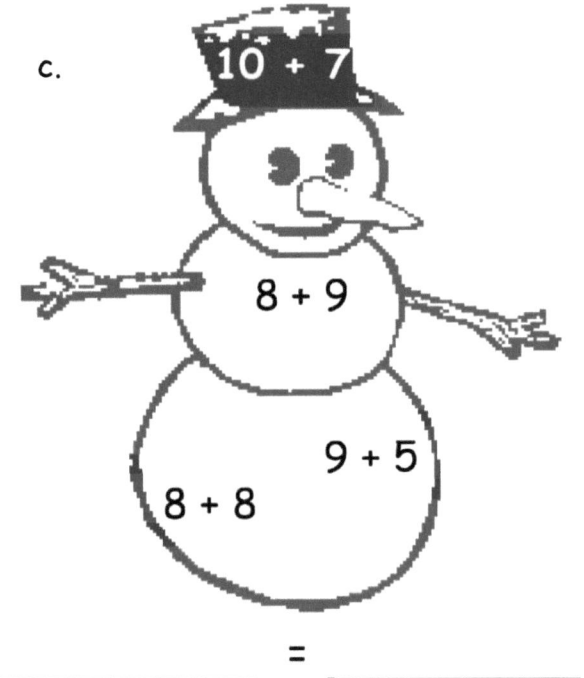

_____ = _____

d.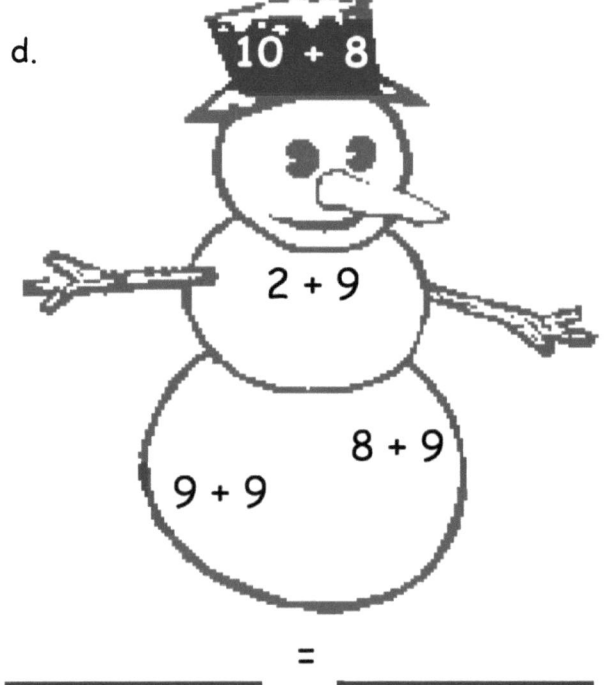

_____ = _____

Leçon 6 : Utilise la propriété commutative pour faire dix.

Dessine, étiquette et (entoure) pour montrer comment tu es arrivé(e) à dix pour t'aider à résoudre. Écris les phrases numériques que tu as utilisées pour résoudre.

John a 8 balles de tennis. Toni en a 5. Combien de balles de tennis ont-ils au total ?

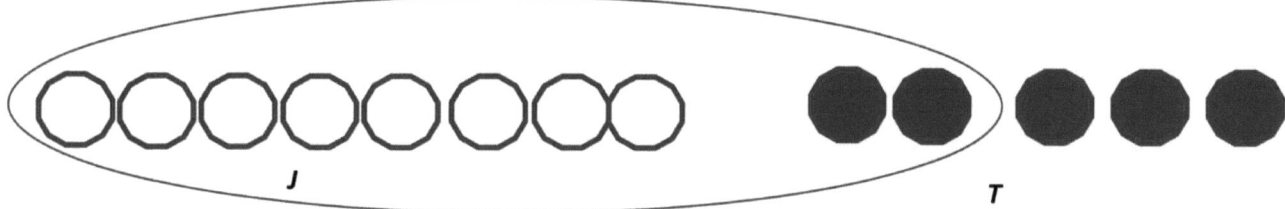

Je peux faire dix avec 8 en prenant 2 du groupe de 5. Je vais dessiner un cercle pour montrer mon groupe de dix.

Quand je fais dix, il me reste 3. Je peux faire une nouvelle phrase numérique, 10 + 3 = 13.

__8__ + __5__ = __13__

__10__ + __3__ = __13__

John et Toni ont __13__ balles de tennis au total.

Si 8 + 5 = 13 et 10 + 3 = 13, alors je sais que 8 + 5 est identique à 10 + 3.

Leçon 7: Arrive à dix lorsqu'un nombre à ajouter est 8.

UNE HISTOIRE D'UNITÉS                                    Leçon 7 Devoirs  12•

Nom _____    Date _____

Dessine, étiquette et (entoure) pour montrer comment tu es arrivé(e) à dix pour t'aider à résoudre.

Écris les phrases numériques que tu as utilisées pour résoudre.

$8 + 3 = 11$
$10 + 1 = 11$

1. Meg reçoit 8 animaux jouets et 4 voitures jouets lors d'une fête. Combien de jouets Meg a-t-elle au total ?

   8 + 4 = ____

   10 + ____ = ____        Meg obtient ____ jouets.

2. John fait 6 paniers à son premier match de basket-ball et 8 paniers à son deuxième. Combien de paniers fait-il au total ?

   ____ + ____ = ____

   ____ + ____ = ____        John fait ____ paniers.

Leçon 7 :   Arrive à dix lorsqu'un nombre à ajouter est 8.

3. May a une fête. Elle invite 7 filles et 8 garçons. Combien d'amis invite-t-elle au total ?

_____ + _____ = _____

_____ + _____ = _____     May invite _____ amis.

4. Alec collectionne des casquettes de baseball. Il a 9 casquettes Mets et 8 casquettes Yankees. Combien de casquettes sont dans sa collection ?

_____ + _____ = _____

_____ + _____ = _____     Alec a _____ chapeaux.

UNE HISTOIRE D'UNITÉS — Leçon 8 Aide aux devoirs  12•

1. Résous. Fais des dessins mathématiques en utilisant la grille de dix pour montrer comment tu as fait dix pour résoudre.

    $8 + 8 = \underline{16}$      $\underline{10} + \underline{6} = \underline{16}$

    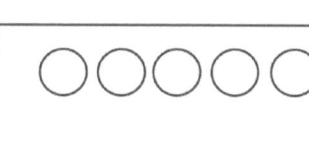

    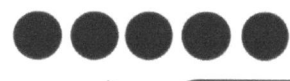

    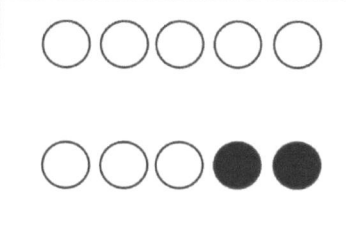

    8 a besoin de 2 pour faire dix. J'ai donc séparé le deuxième 8 en 2 et 6.

    J'ai fait dix en premier dans mon dessin. Le dix est dans sa grille ! Mon image montre une nouvelle expression, 10 + 6.

2. Fais des dessins mathématiques en utilisant des grilles de dix pour résoudre. (Entoure) les vraies phrases numériques. Écris un X pour montrer les phrases numériques qui ne sont pas vraies.

    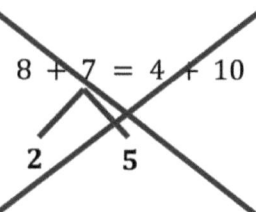
        
    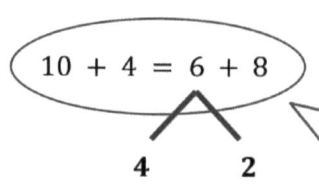

    Quand j'ai 8 comme nombre à ajouter, je séparerai toujours le deuxième nombre à ajouter avec 2 comme l'une des parties ! C'est comme ça que je ferai dix !

    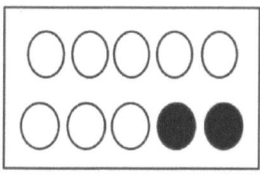    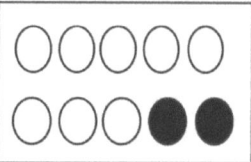

    Mon image montre le 7 à deux endroits, car j'ai séparé le 7 en 2 et 5. Ma liaison numérique le montre !

Leçon 8 : Arrive à dix lorsqu'un nombre à ajouter est 8.

195

UNE HISTOIRE D'UNITÉS — Leçon 8 Devoirs

Nom _____  Date _____

Résous. Fais des dessins mathématiques en utilisant la grille de dix pour montrer comment tu es arrivé(e) à dix pour résoudre.

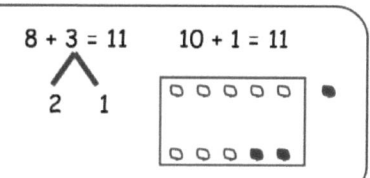

1. 8 + 4 = ____    ____ + ____ = ____

2. 8 + 6 = ____    ____ + ____ = ____

3. 7 + 8 = ____    ____ + ____ = ____

Leçon 8 : Arrive à dix lorsqu'un nombre à ajouter est 8.

4. Fais des dessins mathématiques en utilisant des grilles de dix pour résoudre. (Entoure) les vraies phrases numériques.

Écris un X pour montrer les phrases numériques qui ne sont pas vraies.

a. 8 + 4 = 10 + 2
   ⋀

b. 10 + 6 = 8 + 8
              ⋀

c. 7 + 8 = 10 + 6
   ⋀

d. 5 + 10 = 5 + 8

e. 2 + 10 = 8 + 3

f. 8 + 9 = 10 + 7

# Leçon 9 Aide aux devoirs

1. Utilise des liaisons numériques pour montrer ton raisonnement. Écris le fait sur 10+.

   $7 + 8 = \underline{15}$    $\underline{15} = 10 + \underline{5}$

   (liaison numérique : 15 → 5 et 2)

   > Si je résous 8 + 7 en comptant, cela prendra un certain temps. Je peux faire dix à la place. Je peux enlever 2 de 7 pour faire 10 avec 8.

2. Complète les phrases d'addition et les liaisons numériques.

   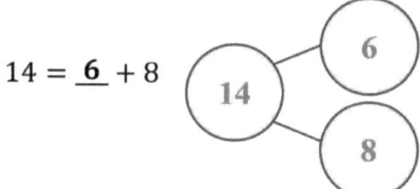   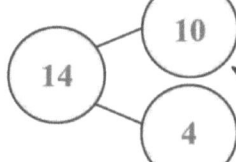

   $14 = \underline{6} + 8$    $10 + 4 = \underline{14}$

   > Je peux résoudre plus efficacement lorsque j'utilise mes faits 10 +. Cette liaison numérique a été plus rapide à réaliser.

3. Trace une ligne jusqu'à la phrase numérique correspondante. Tu peux utiliser une liaison numérique ou un dessin de groupe de 5 pour t'aider.

   $13 = 8 + 5$
   (liaison : 2 et 3)

   Ben a 8 raisins verts et 3 raisins violets. Combien de raisins a-t-il ?

   (liaison : 16 → 10 et 6)

   $11 = 10 + 1$

   $8 + 8 = 16$

   $10 + 3 = 13$

   > C'était plus efficace pour moi de compter en ajoutant comme ça. J'ai juste réfléchi huit, 9, 10, 11.

   > J'aime utiliser la stratégie pour arriver à dix lorsque le deuxième nombre à ajouter est supérieur à 3 comme dans 8 + 5. Je peux séparer le 5 pour faciliter le problème, 10 + 3.

Leçon 9: Compare l'efficacité de compter d'arriver à dix lorsqu'un nombre à ajouter est 8.

Nom _____ Date _____

Utilise des liaisons numériques pour montrer ton raisonnement. Écris le fait sur 10+.

1. 8 + 3 = _____     10 + _____ = _____

2. 6 + 8 = _____     _____ + 10 = _____

3. _____ = 8 + 8     _____ = 10 + _____

4. _____ = 5 + 8     _____ = 10 + _____

---

Complète les phrases d'addition et les liaisons numériques.

5. a. 7 + 8 = _____ 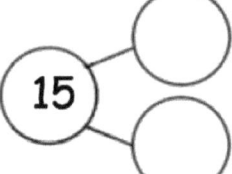   b. 10 + 5 = _____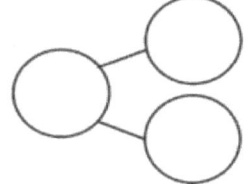

6. a. 16 = _____ + 8 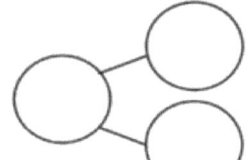   b. 10 + 6 = _____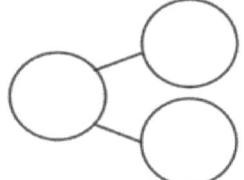

UNE HISTOIRE D'UNITÉS — Leçon 9 Devoirs

7. a. ____ = 9 + 8 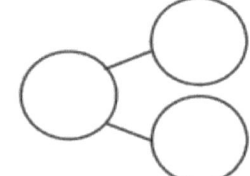   b. 10 + 7 = ____

---

Trace une ligne jusqu'à la phrase numérique correspondante. Tu peux utiliser une liaison numérique ou un dessin de groupe de 5 pour t'aider.

8. 11 = 8 + 3

   8 + 6 = 14

9. Lisa avait 5 cailloux rouges et 8 cailloux blancs. Combien de cailloux avait-elle ?

   10 + 1 = 11

   13 = 10 + 3

10.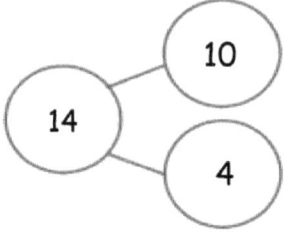

Leçon 9 : Compare l'efficacité de compter d'arriver à dix lorsqu'un nombre à ajouter est 8.

1. Résous. Fais correspondre la phrase numérique à la liaison numérique de dix et plus qui t'a aidé à résoudre le problème. Écris la phrase numérique de dix et plus.

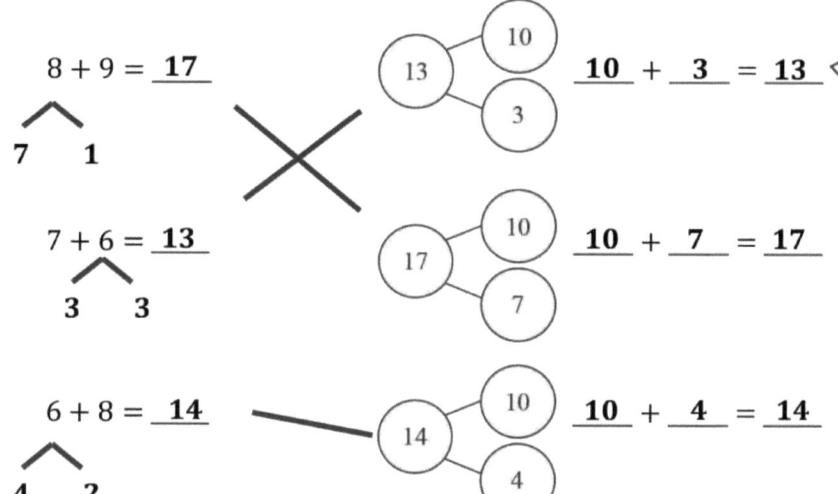

Pour 7 + 6, je peux faire dix avec 7 car ce n'est qu'à 3 de dix. J'ai juste à enlever le 3 du 6. Je peux résoudre 10 + 3 en un clin d'œil !

Pour 8 + 9, puisque 9 est un nombre à ajouter, je peux retirer le 1 de l'autre nombre à ajouter ! J'ai séparé le 8 en 7 et 1 pour faire 10 avec 9.

2. Complète les phrases numériques afin qu'elles soient égales à la liaison numérique donnée.

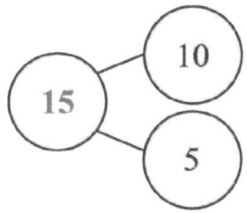

__15__ = 9 + 6

8 + __7__ = 15

__15__ = 7 + __8__

Puisque 9 + 6 = 15 et 10 + 5 = 15, je peux dire cette vraie phrase numérique : 9 + 6 = 10 + 5.

Leçon 10: Résous les problèmes avec des nombres à ajouter de 7, 8 et 9.

Nom _____  Date _____

Résous. Fais correspondre la phrase numérique à la liaison numérique de dix et plus qui t'a aidé à résoudre le problème. Écris la phrase numérique de dix et plus.

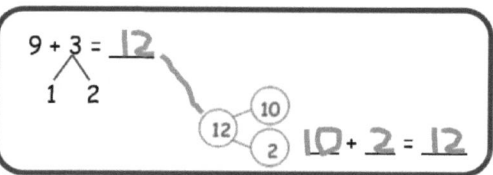

1. 8 + 6 = ____    (11 / 10, 1)    ___ + ___ = ___

2. 7 + 5 = ____    (15 / 10, 5)    ___ + ___ = ___

3. 5 + 8 = ____    (12 / 10, 2)    ___ + ___ = ___

4. 4 + 7 = ____    (14 / 10, 4)    ___ + ___ = ___

5. 6 + 9 = ____    (13 / 10, 3)    ___ + ___ = ___

Leçon 10 : Résous les problèmes avec des nombres à ajouter de 7, 8 et 9.

Complète les phrases numériques afin qu'elles soient égales à la liaison numérique donnée.

6.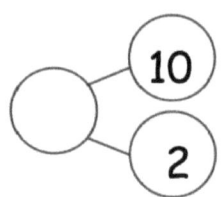

9 + ___ = 12

8 + ___ = 12

7 + ___ = 12

7.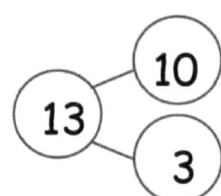

9 + ___ = 13

8 + ___ = 13

7 + ___ = 13

8.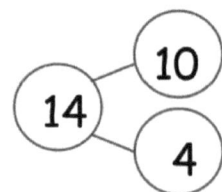

9 + ___ = 14

8 + ___ = 14

7 + ___ = 14

9.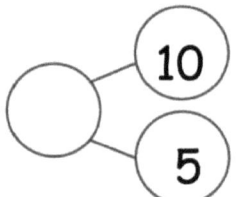

15 = 9 + ___

___ = 8 + ___

___ = 7 + ___

10.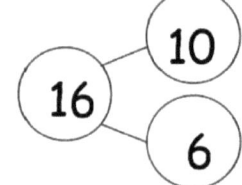

16 = 9 + ___

___ = 8 + ___

7 + ___ = ___

11.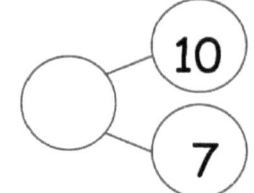

___ = 9 + 8

___ = 8 + ___

___ = 7 + ___

UNE HISTOIRE D'UNITÉS  Leçon 11 Aide aux devoirs

Regarde le travail des élèves. Corrige le travail. Si la réponse est incorrecte, montre une solution correcte dans l'espace sous le travail de l'élève.

Jeremy avait 7 gros cailloux et 8 petits cailloux dans sa poche. Combien de cailloux possède Jeremy ?

Le travail de Mia

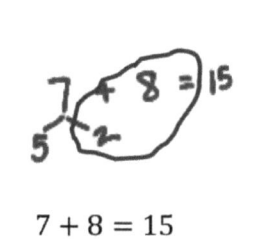

$7 + 8 = 15$

Le travail de Joe

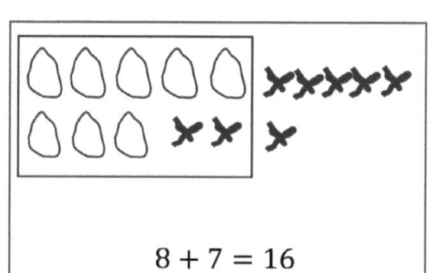

$8 + 7 = 16$

Le travail de Pranav

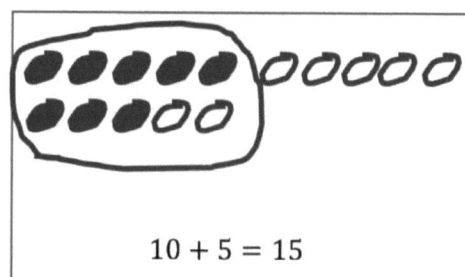

$10 + 5 = 15$

Mia a utilisé la stratégie pour arriver à dix et a établi une liaison numérique pour séparer 7 en 5 et 2. Elle a entouré 8 et 2 parce qu'ensemble ils font dix !

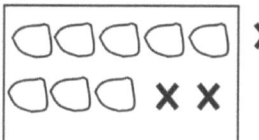

$8 + 7 = 15$

Pranav a dessiné les cailloux en groupes de 5 soignés. Sa stratégie était de faire 10 avec 8 en cassant le 7 en 5 et 2. Il a fait une grille pour montrer le 10.

Joe a d'abord dessiné des groupes de 5 sympas, mais je pense qu'il a perdu le fil de son décompte. Son image montre que le 7 peut être séparés en 2 et 6. Ce n'est pas possible ! Je peux corriger cela en séparant 7 en 5 et 2 comme Mia !

Leçon 11 : Partage et critique les stratégies de solutions avec les autres élèves pour des problèmes de mots *mettre ensemble total inconnu*

Nom _____  Date _____

Regarde le travail des élèves. Corrige le travail. Si la réponse est incorrecte, montre un solution correcte dans l'espace en dessous du travail de l'élève.

1. Todd a 9 voitures rouges et 7 voitures bleues. Combien de voitures a-t-il au total ?

   Le travail de Mary          Le travail de Joe           Le travail de Len

   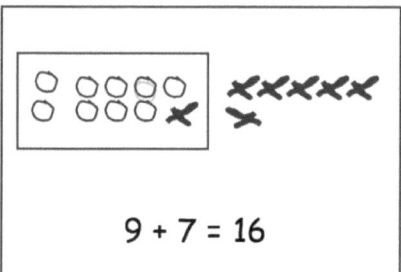        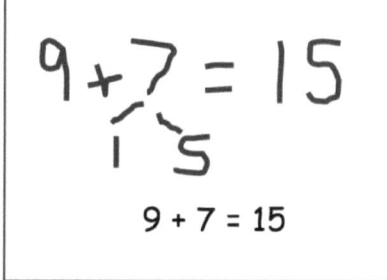        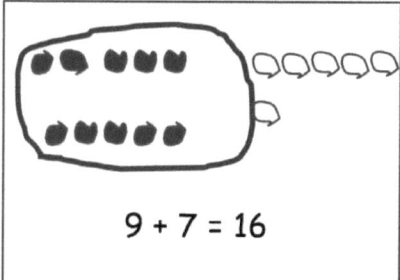

   9 + 7 = 16                  9 + 7 = 15                  9 + 7 = 16

2. Jill a 8 poissons bêta et 5 poissons rouges. Combien de poissons a-t-elle au total ?

   Le travail de Frank         Le travail de Lori          Le travail de Mike

   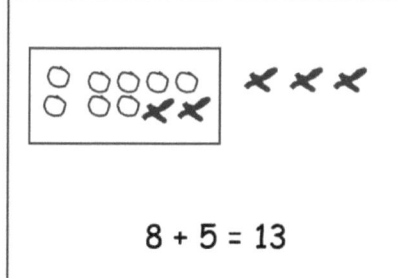        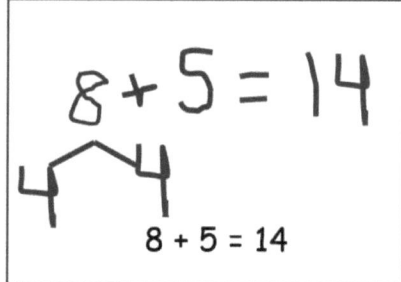        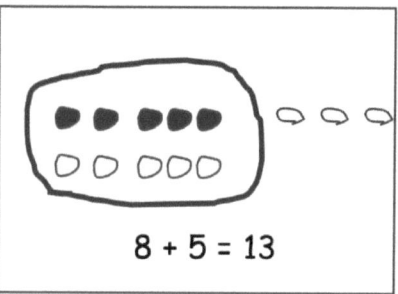

   8 + 5 = 13                  8 + 5 = 14                  8 + 5 = 13

3. Papa a cuit 7 petits gâteaux au chocolat et 6 à la vanille. Combien de petits gâteaux a-t-il cuit au total ?

Le travail de Mary

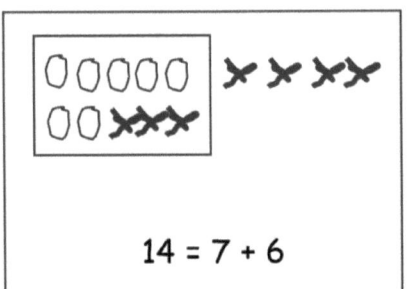

14 = 7 + 6

Le travail de Joe

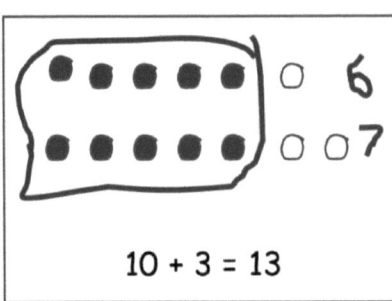

10 + 3 = 13

Le travail de Lori

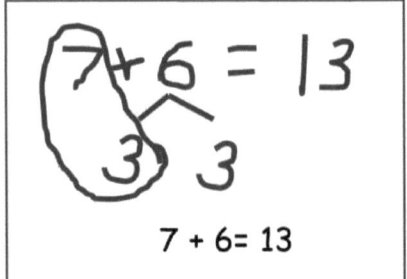

7 + 6 = 13

4. Maman a attrapé 9 lucioles et Sue a attrapé 8 lucioles. Combien de lucioles ont-elles attrapées au total ?

Le travail de Mike

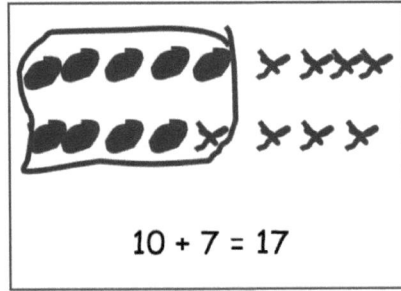

10 + 7 = 17

Le travail de Len

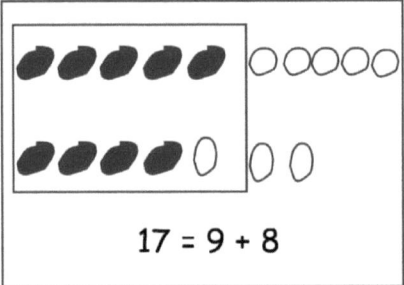

17 = 9 + 8

Le travail de Frank

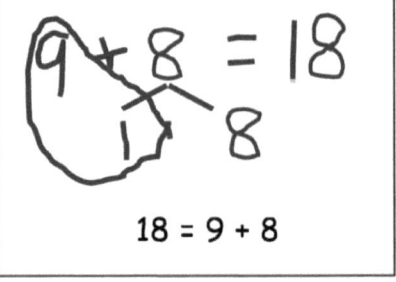

18 = 9 + 8

UNE HISTOIRE D'UNITÉS                    Leçon 12 Aide aux devoirs   1•2

1. Fais un dessin mathématique simple. Raie les 10 unités ou l'autre partie pour montrer ce qui se passe dans l'histoire.

   Bill a 16 raisins. 10 sont sur la vigne, et 6 sont sur le sol.

   Bill mange 9 raisins de la vigne. Combien de raisins reste-t-il à Bill ?

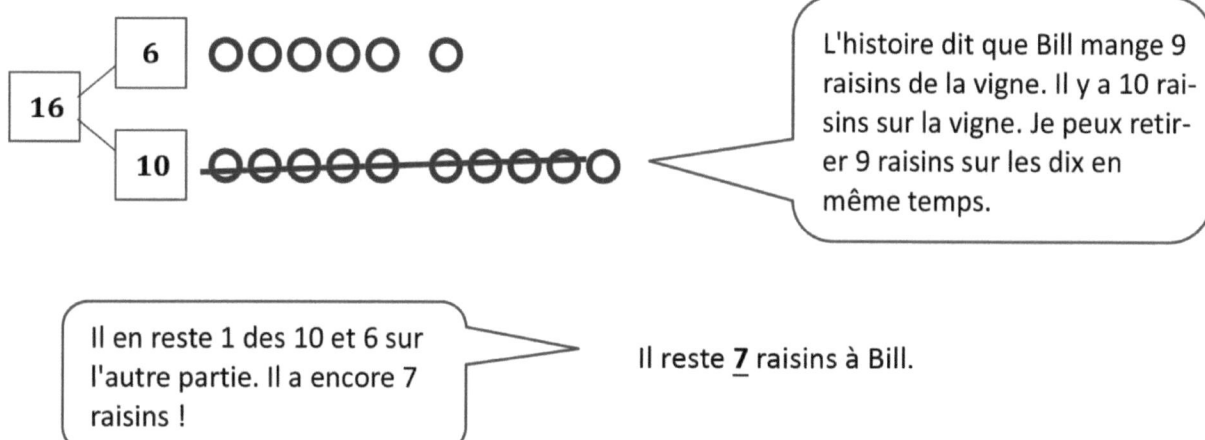

   Il reste **7** raisins à Bill.

2. Utilise la liaison numérique pour remplir l'histoire des mathématiques. Fais un dessin mathématique simple. Raie les 10 unités ou l'autre partie pour montrer ce qui se passe.

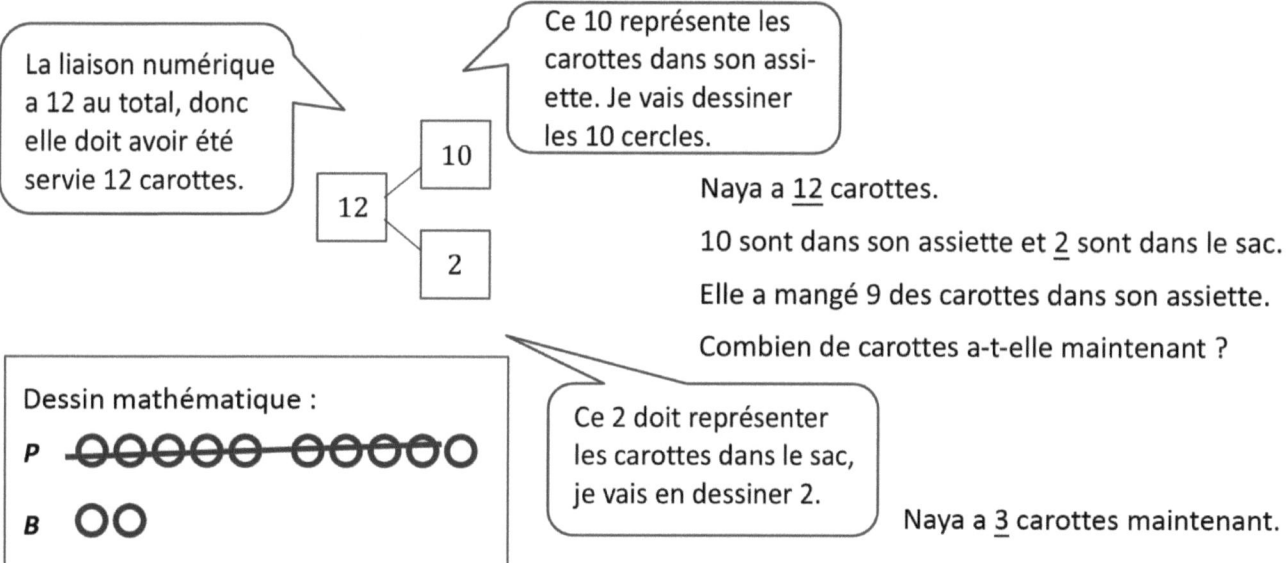

   Naya a **12** carottes.

   10 sont dans son assiette et **2** sont dans le sac.

   Elle a mangé 9 des carottes dans son assiette.

   Combien de carottes a-t-elle maintenant ?

   Naya a **3** carottes maintenant.

Leçon 12 :   Résous les problèmes de mots avec une soustraction de 9 à 10      211

3. Utilise la liaison numérique ci-dessous pour créer ta propre histoire mathématique. Inclus un dessin mathématique simple. Raie les 10 unités pour montrer ce qui se passe.

> Je peux raconter une histoire qui correspond à cette liaison numérique : « Il y a 12 amis dans ma classe de karaté. 10 sont des filles. 2 sont des garçons. 9 des filles sont parties. Combien d'amis sont encore là ? »

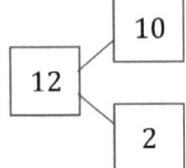

Dessin mathématique

G ~~○○○○○ ○○○○~~○

B ○○

> Il y avait 12 amis au départ, puis 9 sont partis, donc ma phrase numérique est 12 - 9 = 3.

Phrase numérique :

$$12 - 9 = 3$$

> Ma déclaration est une « phrase verbale » pour répondre à la question : « Combien d'amis sont encore là ? »

Déclaration :

*3 amis sont toujours là.*

Leçon 12 : Résous les problèmes de mots avec une soustraction de 9 à 10

Nom _____ Date _____

Fais un dessin mathématique simple. Raie des 10 unités pour montrer ce qui se passe dans les histoires.

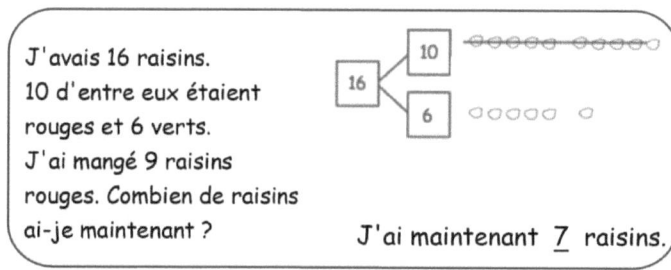

J'avais 16 raisins. 10 d'entre eux étaient rouges et 6 verts. J'ai mangé 9 raisins rouges. Combien de raisins ai-je maintenant ?

J'ai maintenant 7 raisins.

1. Il y avait 15 écureuils près d'un arbre. 10 d'entre eux étaient en train de manger des noix. 5 écureuils étaient en train de jouer. Un bruit fort effraya 9 des écureuils qui mangeaient des noix. Combien d'écureuils restait-il près de l'arbre ?

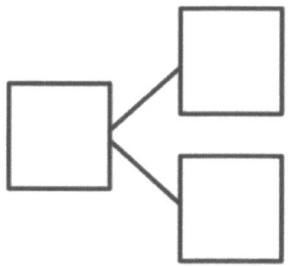

Il restait ____ écureuils près de l'arbre.

2. Il y a 17 coccinelles sur la plante. 10 d'entre elles sont sur une feuille, et 7 d'entre elles sont sur la tige. 9 des coccinelles présentes sur la feuille se sont enfuies en rampant. Combien de coccinelles sont encore sur la plante ?

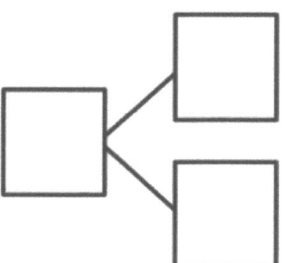

Il y a ____ coccinelles sur la plante.

Leçon 12 : Résous les problèmes de mots avec une soustraction de 9 à 10

3. Utilise la liaison numérique pour remplir l'histoire des mathématiques. Fais un dessin mathématique simple. Raie les 10 unités ou quelques unités pour montrer ce qui se passe dans les histoires.

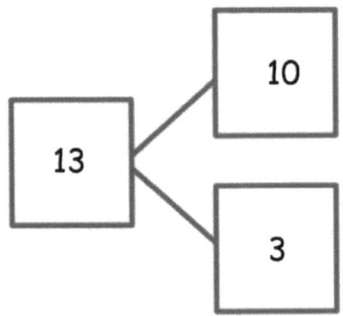

Il y avait 13 fourmis dans la fourmilière.

10 fourmis dorment et 3 fourmis sont réveillées.

9 des fourmis endormies se sont réveillées et se sont enfuies.

Combien de fourmis reste-t-il dans la fourmilière ?

Dessin mathématique :

_____ Il reste dans la fourmilière.

4. Utilise la liaison numérique ci-dessous pour créer ta propre histoire mathématique. Inclus un dessin mathématique simple. Raie les 10 unités pour montrer ce qui se passe.

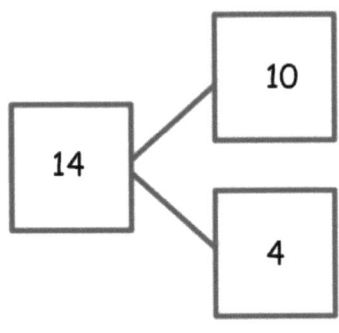

Dessin mathématique :

Phrases numériques :

Légende :

UNE HISTOIRE D'UNITÉS   Leçon 13 Aide aux devoirs   1•2

1. Résous. Utilise des rangées à groupe de 5 et raie pour montrer ton travail. Écris des phrases numériques.

   10 canards sont dans l'étang et 7 canards sont sur le terrain. 9 des canards de l'étang sont des bébés et tous les autres canards sont des adultes. Combien y a-t-il de canards adultes ?

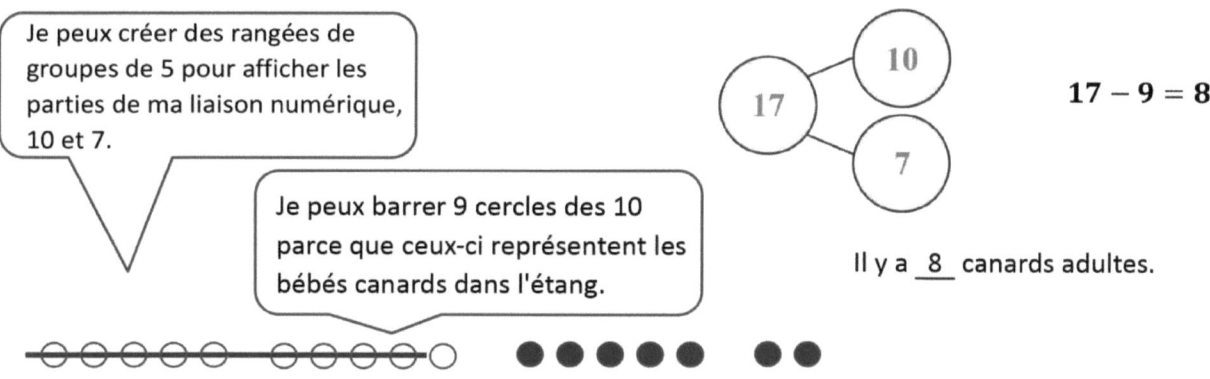

   Je peux créer des rangées de groupes de 5 pour afficher les parties de ma liaison numérique, 10 et 7.

   Je peux barrer 9 cercles des 10 parce que ceux-ci représentent les bébés canards dans l'étang.

   $17 - 9 = 8$

   Il y a __8__ canards adultes.

2. Complète la liaison numérique et remplis l'histoire des mathématiques. Utilise des rangées à groupe de 5 et raie pour montrer ton travail. Écris des phrases numériques.

   Ma liaison numérique indique combien de cochons étaient à l'extérieur au début de l'histoire.

   Il y avait __10__ cochons gisant dans la boue et __6__ cochons mangeant près de l'auge à l'extérieur. 9 des cochons couverts de boue sont entrés dans la grange. Combien de cochons sont restés dehors ?

   $16 - 9 = 7$

   Il y a __7__ cochons dehors.

   Je peux toujours retirer 9 des dix. Cela me laisse avec 1, que je peux ajouter à l'autre partie, donc 1 + 6 = 7. Cela signifie 16 - 9 = 7.

Leçon 13: Résous les problèmes de mots avec une soustraction de 9 à 10.

UNE HISTOIRE D'UNITÉS — Leçon 13 Devoirs 1•2

Nom _____   Date _____

Résous. Utilise des rangées à groupe de 5 et raie pour montrer ton travail. Écris des phrases numériques.

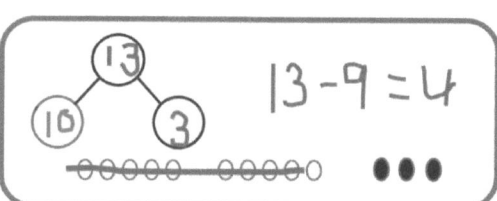

1. Dans un parc, 10 chiens courent sur l'herbe et 1 chien dort sous l'arbre. 9 des chiens qui courent quittent le parc. Combien de chiens restent dans le parc ?

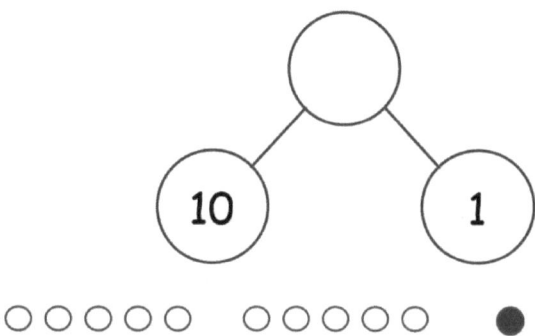

Il reste ____ chiens dans le parc.

2. Alejandro avait 9 cailloux dans sa cour et 10 cailloux dans sa chambre. 9 des cailloux présents dans sa chambre sont des cailloux gris et le reste des cailloux sont blancs. Combien de cailloux blancs possède Alejandro ?

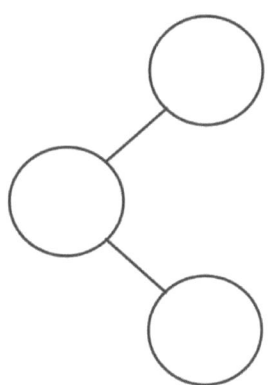

Alejandro a ____ cailloux blancs.

Leçon 13 : Résous les problèmes de mots avec une soustraction de 9 à 10.

3. Sophia a 8 petites voitures dans la cuisine et 10 petites voitures dans sa chambre. 9 des petites voitures présentes dans la chambre sont bleues. Le reste de ses voitures est rouge. Combien de voitures rouges a Sophia ?

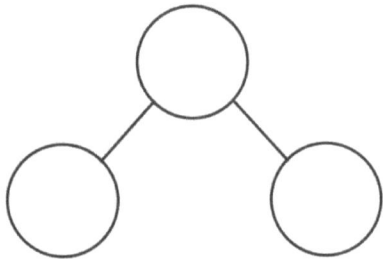

Sophia a ___ voitures rouges.

4. Complète la liaison numérique et remplis l'histoire des mathématiques. Utilise des rangées à groupe de 5 et raie pour montrer ton travail. Écris des phrases numériques.

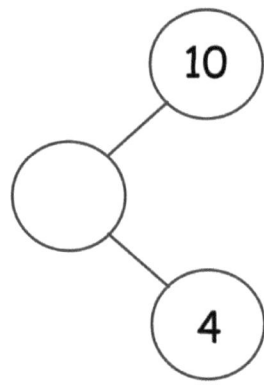

Il y avait ____ oiseaux en train de sauter dans une flaque d'eau et ____ oiseaux en train de marcher sur l'herbe sèche. 9 des oiseaux se sont envolés. Combien d'oiseaux reste-t-il ?

Il reste ___ oiseaux.

UNE HISTOIRE D'UNITÉS | Leçon 14 Aide aux devoirs | 1•2

1. Dessine et (Entoure) 10. Soustrais et fais une liaison numérique.

$17 - 9 = \underline{\ 8\ }$

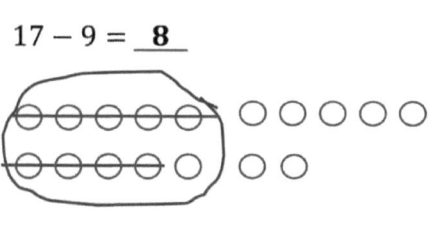

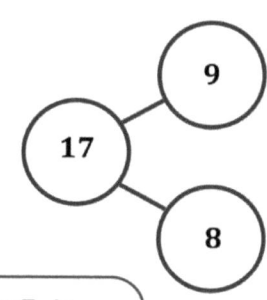

Je peux diviser 17 en 10 et 7. Je peux retirer 9 der 10 ! C'est ce qu'on appelle la stratégie de soustraire de dix ! Dans ce cas , 1 et 7 font 8.

2. Remplis la liaison numérique et écris la phrase numérique qui t'a aidé.

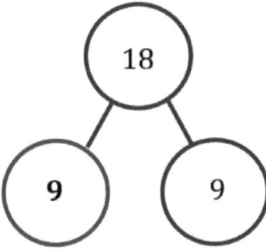

$\underline{\ \ 1 + 8 = 9\ \ }$

Leçon 14: Modélise la soustraction de 9 des nombres de dix à dix-neuf.

Nom _____   Date _____

Entoure 10 et soustrais. Faites une liaison numérique.

1. 15 − 9 = ___

                           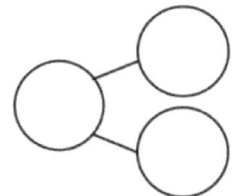

Dessine et Entoure 10. Soustrais et fais une liaison numérique.

2. 14 − 9 = ___

3. 12 − 9 = ___

4. 13 − 9 = ___

5. 16 − 9 = ___

Leçon 14: Modélise la soustraction de 9 des nombres de dix à dix-neuf.

UNE HISTOIRE D'UNITÉS                               Leçon 14 Devoirs  1•2

6. Remplis la liaison numérique et écris la
   phrase numérique qui t'a aidé.

   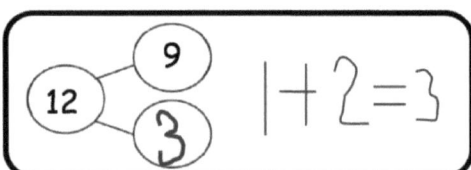

   a. 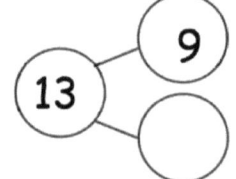   _____

   b. 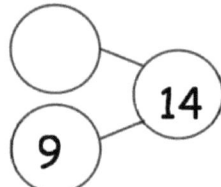   _____

   c. 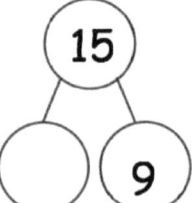   _____

   d. 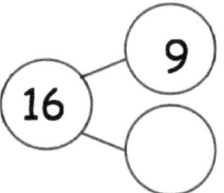   _____

7. Fais la liaison numérique qui viendrait ensuite et écris une phrase numérique
   correspondante.

UNE HISTOIRE D'UNITÉS     Leçon 15 Aide aux devoirs   1•2

1. Écris la phrase numérique pour chaque dessin de rangées à groupe de 5.

> Je sais que 15 est composé de 10 et 5. Quand j'enlève 9 de 10, je peux voir qu'il me reste 6 cercles.

⊖⊖⊖⊖⊖   ⊖⊖⊖⊖○    ○○○○○

$15 - 9 = 6$

2. Dessine des groupes de 5 pour compléter la liaison numérique et écris la phrase à 9 chiffres.

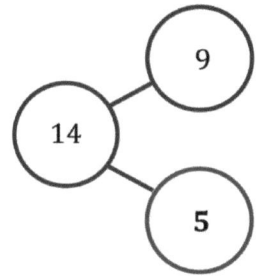

⊖⊖⊖⊖⊖ ⊖⊖⊖⊖○    ○○○○

$14 - 9 = 5$

$9 + 5 = 14$

> Je peux penser à 14 comme 10 et 4. Je peux enlever 9 des dix dans la grille. Il reste 1 dans la grille et 4 de l'autre côté, cela fait donc 5.

3. Dessine des groupes de 5 pour montrer les stratégies d'arriver à dix et de soustraire de dix pour résoudre les deux phrases numériques. Fais une liaison numérique et écris deux phrases numériques supplémentaires qui auraient cette liaison numérique.

$7 + 9 = $ \_\_\_

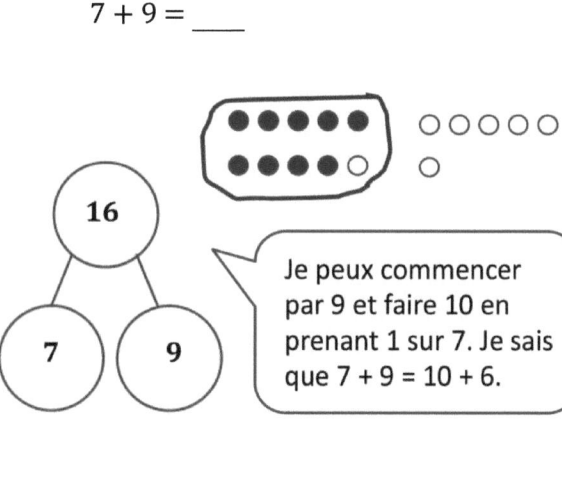

> Je peux commencer par 9 et faire 10 en prenant 1 sur 7. Je sais que 7 + 9 = 10 + 6.

$7 + 9 = 16$

$16 - 7 = 9$

$16 - 9 = $ \_\_\_

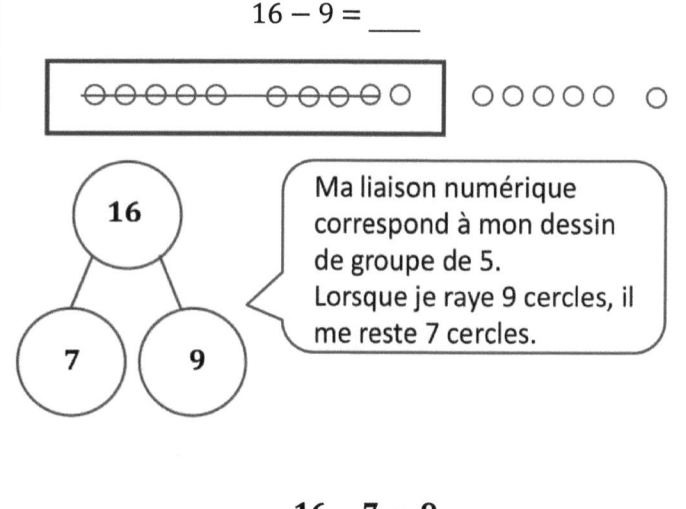

> Ma liaison numérique correspond à mon dessin de groupe de 5. Lorsque je raye 9 cercles, il me reste 7 cercles.

$16 - 7 = 9$

$9 + 7 = 16$

Leçon 15:   Modélise la soustraction de 9 des nombres de dix à dix-neuf.

UNE HISTOIRE D'UNITÉS  Leçon 15 Aide aux devoirs  1•2

Nom _____  Date _____

Écris la phrase numérique pour chaque dessin de rangées à groupe de 5.

1.

13 - 9 = 4

_____

_____

_____

_____

_____

Dessine des groupes de 5 pour compléter la liaison numérique et écris la phrase à 9 chiffres.

2.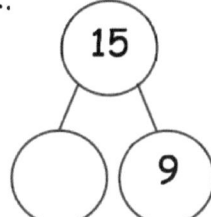

3.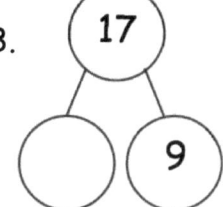

Leçon 15 : Modélise la soustraction de 9 des nombres de dix à dix-neuf.

Dessine des groupes de 5 pour compléter la liaison numérique et écris la phrase à 9 chiffres.

4.

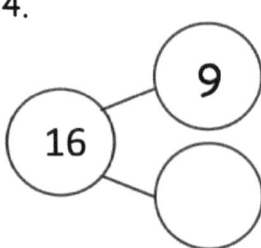

Dessine des groupes de 5 pour montrer les stratégies d'arriver à dix et de soustraire de dix pour résoudre les deux phrases numériques. Fais une liaison numérique et écris deux phrases numériques supplémentaires qui auraient cette liaison numérique.

5. 8 + 9 = ____

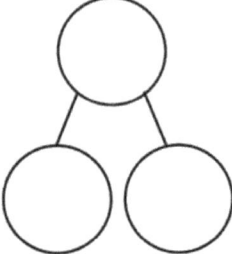

6. 17 – 9 = ____

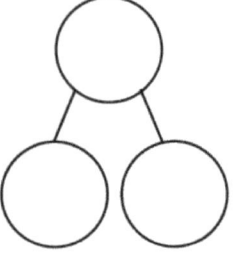

_____

_____

UNE HISTOIRE D'UNITÉS    Leçon 16 Aide aux devoirs   1•2

1. Complète les phrases de soustraction en utilisant soit la stratégie de compter soit celle de soustraire de dix. Dis quelle stratégie tu as utilisée.

$11 - 9 = \underline{2}$     ⑨ 10 11

Puisque 9 est si proche de 11, je peux commencer à 9 et compter... neuf, 10, 11.

☐ soustraction de dix
☒ compter

---

$15 - 9 = \underline{6}$

☒ soustraction de dix
☐ compter

soustraire de dix, je peux diviser 15 en 10 et 5. Puis, je peux retirer 9 de dix. 1 + 5 = 6.

---

2. Shelley a ramassé 12 cailloux. Elle en a peint 9. Combien de ses cailloux ne sont pas peints ? Choisis soit la stratégie de compter soit celle de soustraire de dix pour résoudre.

⑨ 10 11 12

$9 + \underline{3} = 12$

*3 des cailloux de Shelley ne sont pas peints.*

J'ai choisi cette stratégie :

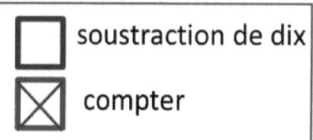

☐ soustraction de dix
☒ compter

Leçon 16 :  Relie l'addition et la soustraction de dix.

3. La boulangerie a 16 miches de pain. Ils vendent 9 pains avant le déjeuner. Combien de pains reste-il? Choisis soit la stratégie de compter soit celle de soustraire de dix pour résoudre.

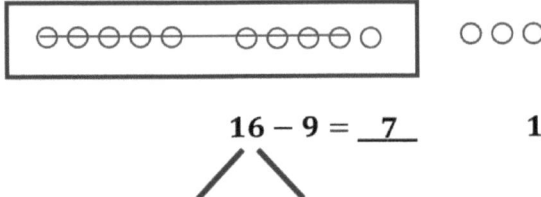

$16 - 9 = \underline{\ 7\ }$ 　　　 $10 - 9 = 1$

　　　　6　　10　　　　　　　$1 + 6 = 7$

J'ai choisi cette stratégie :

☒ soustraction de dix
☐ compter

4. Dessine des groupes de 5 pour montrer les stratégies d'arriver à dix et de soustraire de dix pour résoudre les deux phrases numériques. Fais une liaison numérique, et écris deux phrases numériques supplémentaires qui auraient cette liaison numérique.

$7 + 9 = \underline{\ \ \ }$

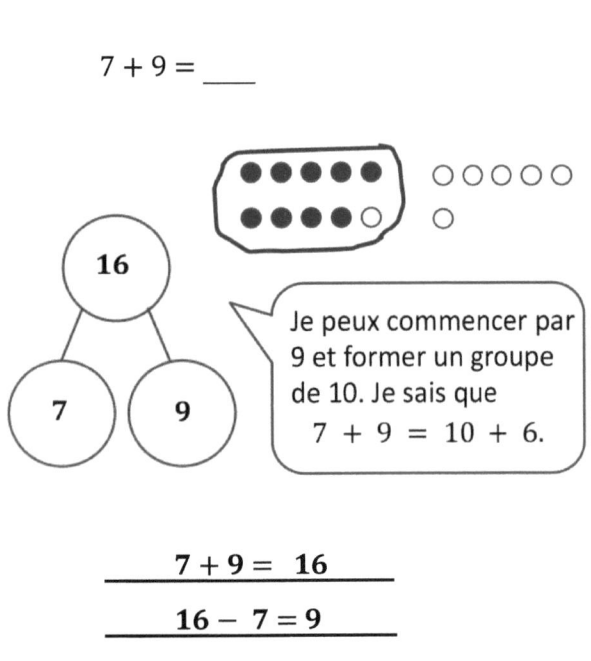

Je peux commencer par 9 et former un groupe de 10. Je sais que $7 + 9 = 10 + 6$.

$\underline{\ \ \ 7 + 9 = \ 16\ \ \ }$

$\underline{\ \ \ 16 - 7 = 9\ \ \ }$

$16 - 9 = \underline{\ \ \ }$

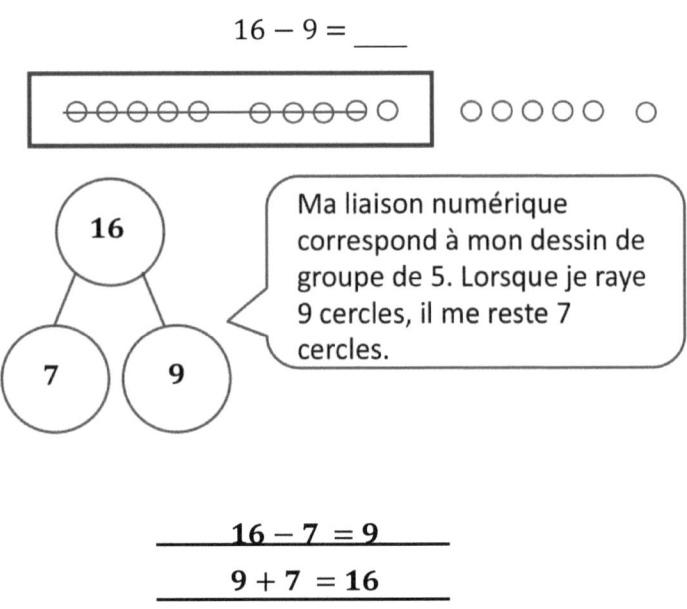

Ma liaison numérique correspond à mon dessin de groupe de 5. Lorsque je raye 9 cercles, il me reste 7 cercles.

$\underline{\ \ \ 16 - 7 = 9\ \ \ }$

$\underline{\ \ \ 9 + 7 = 16\ \ \ }$

UNE HISTOIRE D'UNITÉS

Leçon 16 Devoirs  1•2

Nom _____  Date _____

Complète les phrases de soustraction en utilisant soit la stratégie de compter sur, soit celle de soustraire de dix. Dis quelle stratégie tu as utilisée.

1. 17 − 9 = ___  
☐ soustraction de dix  
☐ compter

2. 12 − 9 = ___  
☐ soustraction de dix  
☐ compter

3. 16 − 9 = ___  
☐ soustraction de dix  
☐ compter

4. 11 − 9 = ___  
☐ soustraction de dix  
☐ compter

5. Nicolas a récolté 14 feuilles. Il en a collé 9 dans son carnet. Combien de ses feuilles n'ont pas été collés dans son cahier ? Choisissez l'addition ou la soustraction parmi la stratégie décennale à résoudre.

J'ai choisi cette stratégie :  
☐ soustraction de dix  
☐ compter

Leçon 16 :   Relie l'addition et la soustraction de dix.

229

Copyright © Great Minds PBC

6. Sheila avait 17 oranges. Elle a donné 9 oranges à ses amis. Combien d'oranges reste-t-il à Sheila? Choisis soit la stratégie de compter soit celle de soustraire de dix pour résoudre.

> J'ai choisi cette stratégie :
> ☐ soustraction de dix
> ☐ compter

7. Paul a 12 billes. Lisa a 18 billes. Ils ont chacun fait rouler 9 billes sur une colline. Combien de billes reste-t-il à chaque élève? Dites quelle stratégie vous avez choisie pour chaque élève.

   Il reste _____ billes à Paul.          Il reste _____ billes à Lisa.

8. Tout comme tu l'as fait aujourd'hui en classe, réfléchis à la façon de résoudre les problèmes suivants et discute de tes idées avec tes parents ou ton tuteur.

   15 - 9        13 - 9        17 - 9

   18 - 9        19 - 9        12 - 9

   11 - 9        14 - 9        16 - 9

Entoure les problèmes que tu penses être plus faciles à résoudre en comptant sur 9. Encadre ceux qui sont plus faciles à résoudre en utilisant la stratégie de soustraction de dix. N'oublie pas que certains peuvent être aussi faciles à utiliser en utilisant l'une ou l'autre méthode.

UNE HISTOIRE D'UNITÉS    Leçon 17 Aide aux devoirs   1•2

1. Fais correspondre la phrase numérique à l'image ou à la liaison numérique.

> Je peux retirer 8 des dix. 10 - 8 = 2. Puis, je peux ajouter 2 au 7 de l'autre partie. 2 et 7 est égal à 9

13 − 8 = __5__

17 − 8 = __9__

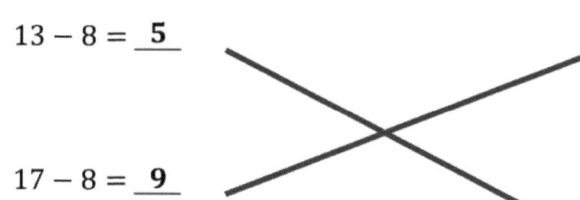

2. Dessine et (Entoure) 10. Soustrais ensuite.

Kiera a 14 boules d'argile. Elle donne 8 boules à son frère. Combien de boules d'argile reste-t-il à Kiera ?

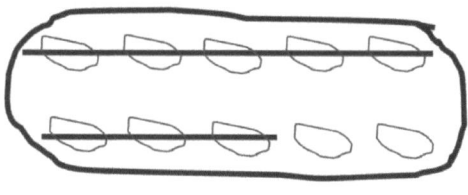

> Je peux dessiner le total des boules d'argile en 10 et 4. Je peux tracer une ligne pour retirer 8 de dix. Je vois ça

Kiera garde __6__ boules d'argile.

Leçon 17: Modélise la soustraction de 8 des nombres de la dizaine.

UNE HISTOIRE D'UNITÉS — Leçon 17 Aide aux devoirs 1•2

3. Utilise l'image pour remplir l'histoire des mathématiques. Montre une phrase numérique.

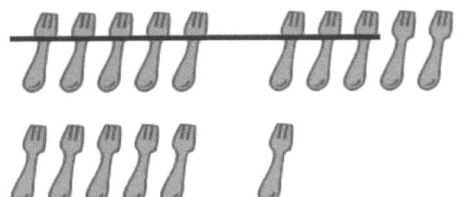

Je peux vérifier cela sur mes doigts. J'ai 10 doigts et 6 doigts imaginaires. Quand j'écarte 8 doigts des dix, 2 sont encore levés. Je peux les ajouter sur mes doigts imaginaires. Maintenant j'en ai 8.

Le dessin en groupes de 5 montre un total de 16 fourches. Je sais que 8 fourchettes ont été utilisées pour le dîner parce que c'est le nombre qui est barré.

Il y avait _16_ fourchettes sur la table. _8_ fourchettes ont été utilisées pour le dîner. Combien de fourchettes ont été laissées pour le dessert ?

$16 - 8 = 8$

*8 fourchettes ont été laissées pour le dessert.*

Essaye ! Peux-tu montrer comment résoudre ce problème avec une liaison numérique ?

16
/\
10  6

$10 - 8 = 2$

$2 + 6 = 8$

Nom _____  Date _____

1. Fais correspondre la phrase numérique à l'image ou à la liaison numérique.

   a.  13 − 7 = ____

   b.  16 − 8 = ____

   c.  11 − 8 = ____

   d.  13 − 8 = ____

2. Montre comment tu pourrais résoudre 14 − 8, soit avec une liaison numérique, soit avec un dessin.

(Entoure) 10. Soustrais ensuite.

3. Milo a 17 cailloux. Il en jette 8 dans un étang. Combien lui en reste-t-il?

Il reste _____ cailloux à Milo.

Leçon 17 : Modélise la soustraction de 8 des nombres de la dizaine.

Leçon 17 Devoirs 1•2

Dessine et (Entoure) 10. Soustrais ensuite.

4. Lucy a 12 $. Elle dépense 8 USD. Combien d'argent a-t-elle maintenant ?

Lucy a maintenant _____ USD.

Dessine et (Entoure) 10, ou utilise une liaison numérique pour séparer le nombre de la dizaine et soustraire.

5. Sean a 15 dinosaures. Il en donne 8 à sa sœur. Combien de dinosaures lui reste-t-il?

Sean conserve _____ dinosaures.

6. Utilise l'image pour remplir l'histoire des mathématiques. Montre une phrase numérique.

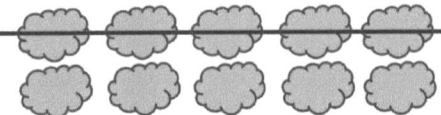 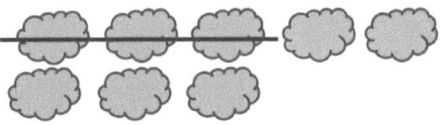

Olivia a vu _____ nuages dans le ciel. _____ nuages sont partis. Combien de nuages reste-t-il ?

Essaye ! Peux-tu montrer comment résoudre

ce problème avec une liaison numérique ?

1. Trace des rangées de 5 groupes et raie pour résoudre. Écris le 2 + phrase d'addition qui vous a aidé à ajouter les deux parties.

   Sam avait 17 marqueurs sur son bureau. Il a utilisé 8 marqueurs pour son projet artistique. Combien de marqueurs reste-t-il à Sam ?

   $17 - 8 = \underline{9}$

   $2 + 7 = 9$

   Il reste à Sam __9__ marqueurs.

   Je peux dessiner des rangées de groupes de 5. 17 est 10 et 7. Je peux barrer 8 cercles, comme quand je cache 8 doigts. Maintenant, je peux voir une phrase d'addition sur mon image, 2 + 7 = 9.

   Mes rangées de groupes de 5 sont comme 10 vrais doigts et 7 imaginaires. Je peux dessiner une grille autour des dix.

2. Montrer faire dix ou soustraire de dix pour résoudre les phrases numériques.

   $5 + 8 = \underline{13}$
   3   2
   $8 + 2 = 10$
   $10 + 3 = 13$

   $13 - 8 = \underline{5}$
   10   3
   $10 - 8 = 2$
   $2 + 3 = 5$

   Quand je fais dix avec 8, je dois séparer l'autre nombre pour pouvoir ajouter 2 au 8. 8 + 2 = 10. Puis, j'ajoute sur l'autre partie, donc 10 + 3 = 13.

   Chaque fois que je soustrais de dix avec 8, j'ajoute 2 à l'autre partie, 2 + 3 = 5.

Nom _____ Date _____

Trace des rangées de 5 groupes et raie pour résoudre. Écris la 2 + phrase d'addition qui t'a aidé à ajouter les deux parties.

1. Annabelle avait 13 poissons rouges. Huit poissons rouges ont mangé de la nourriture pour poissons. Combien de poissons rouges n'ont pas mangé la nourriture pour poissons ?

   _____ le poisson rouge n'a pas mangé de poisson.

2. Sam a collecté 15 seaux d'eau de pluie. Il a utilisé 8 seaux pour arroser ses plantes. Combien de seaux d'eau de pluie reste-t-il à Sam ?

   Il reste _____ seaux d'eau de pluie à Sam.

3. Il y avait 19 tortues en train de nager dans l'étang. Certaines tortues ont grimpé sur les rochers secs, et il n'y a plus que 8 tortues en train de nager. Combien de tortues sont sur les rochers secs?

   Il y a _____ tortues sur les rochers secs.

Leçon 18 : Modélise la soustraction de 8 des nombres de la dizaine.

Montre faire dix ou soustraire de dix pour résoudre les phrases numériques.

4.  $7 + 8 =$ _____

5.  $15 - 8 =$ _____

Trouve le nombre manquant en dessinant des rangées de 5 groupes.

6.  $11 - 9 =$ _____

7.  $14 - 9 =$ _____

8. Trace des rangées de 5 groupes pour montrer l'histoire. Raie ou utilise des liaisons numériques pour résoudre. Écris une phrase numérique pour montrer comment tu as résolu le problème.

Il y avait 14 personnes à la maison. Dix personnes regardaient un match de football. Quatre personnes jouaient à un jeu de société. Huit personnes sont parties. Combien de personnes sont restées?

_____ personnes sont restées à la maison.

UNE HISTOIRE D'UNITÉS — Leçon 19 Aide aux devoirs 1•2

1. Complète la phrase de soustraction en utilisant la stratégie de soustraction de dix et l'addition.

   > Je peux utiliser le chemin numérique pour compter en arrivant à dix en premier.

   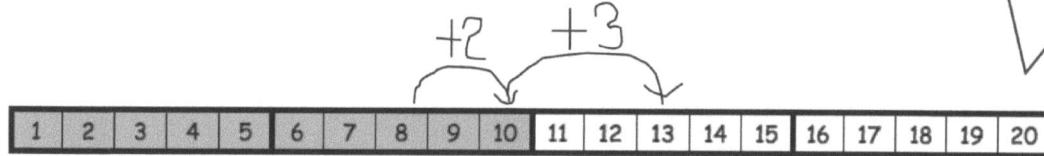

   $13 - 8 = \underline{\ 5\ }$     $8 + \underline{\ 5\ } = 13$

   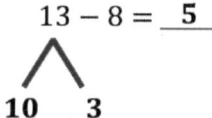

   > Je peux commencer à 8 et sauter 2 carrés pour arriver à 10, puis en sauter 3 de plus pour arriver à 13. 2 + 3 = 5. C'est comme quand je soustrais de dix ! $10 - 8 = 2$, et $2 + 3 = 5$.

2. Choisis l'addition ou la soustraction parmi la stratégie de soustraction de dix à résoudre.

   $15 - 8 = \underline{\ 7\ }$        $12 - 8 = \underline{\ 4\ }$
   
   10   5         (8)  9   10   11   12

   > Je sais que le 8 a besoin du 2 pour arriver à dix. 12 est 10 + 2. J'ai besoin de 2 de plus pour arriver à 12. Je peux ajouter le 2 dont j'ai besoin pour arriver à dix et le 2 dont j'ai besoin pour arriver à 12 pour trouver la réponse. $2 + 2 = 4$.

Leçon 19: Compare l'efficacité de l'addition et la soustraction de dix.

UNE HISTOIRE D'UNITÉS                                    Leçon 19 Aide aux devoirs  1•2

3. Utilise une liaison numérique pour montrer comment tu as résolu en utilisant la stratégie de soustraction de dix.

   Benny a mangé 8 morceaux de pomme. S'il a commencé avec 17, combien de morceaux de pomme lui reste-t-il ?

   $17 - 8 = \underline{\ 9\ }$
   
   10   7
   
   $10 - 8 = 2$
   
   $2 + 7 = 9$
   
   Benny a __9__ tranches de pomme à gauche.

4. Fais correspondre la phrase du nombre d'addition à la phrase du nombre de soustraction. Écris les chiffres qui manquent.

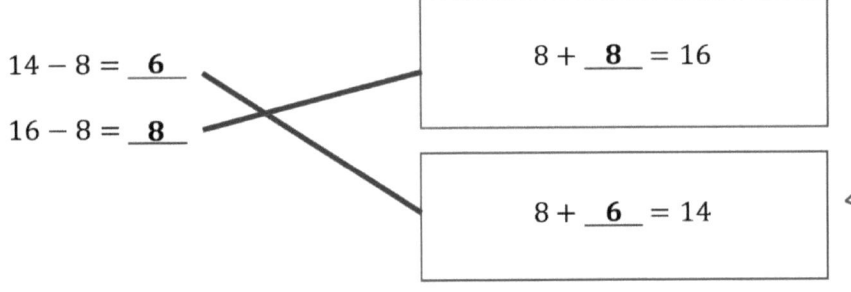

$14 - 8 = \underline{\ 6\ }$

$16 - 8 = \underline{\ 8\ }$

$8 + \underline{\ 8\ } = 16$

$8 + \underline{\ 6\ } = 14$

Je peux commencer à 8 sur le chemin numérique et sauter 2 carrés pour arriver à 10, puis 4 sauts de plus et je suis à 14. 2 + 4 = 6

Leçon 19 : Compare l'efficacité de l'addition et la soustraction de dix.

UNE HISTOIRE D'UNITÉS — Leçon 19 Devoirs 1•2

Nom _____   Date _____

Complète les phrases de soustraction en utilisant la stratégie soustraire de dix et compter.

1. a. 12 - 8 = ___     b. 8 + ___ = 12
   ∧

2. a. 15 - 8 = ___     b. 8 + ___ = 12
   ∧

Choisis soit la stratégie de compter soit celle de soustraire de dix pour résoudre.

3. 11 − 8 = ___

4. 17 − 8 = ___

Utilis une liaison numérique pour montrer comment tu as résolu en utilisant la stratégie soustraire de dix.

5. Elise a compté 16 vers sur le trottoir. Huit vers se sont enfouis dans la terre. Combien de vers Elise voyait-elle encore sur le trottoir ?

   16 − 8 = _____

Elise voyait encore _____ vers sur le trottoir.

6. John a mangé 8 morceaux d'orange. S'il a commencé avec 13, combien de morceaux d'orange lui restait-il ?

Il restait _____ morceaux d'orange à John.

7. Fais correspondre la phrase du nombre d'addition à la phrase du nombre de soustraction. Écris les chiffres qui manquent.

   a. 12 − 8 = _____

   8 + _____ = 11

   b. 15 − 8 = _____

   8 + _____ = 18

   c. 18 − 8 = _____

   8 + _____ = 12

   d. 11 − 8 = _____

   8 + _____ = 15

UNE HISTOIRE D'UNITÉS

**Leçon 20 Aide aux devoirs  1•2**

1. Complète les phrases numériques pour les rendre vraies.

   $14 - 9 = \underline{\ 5\ }$ $\qquad$ $14 - 8 = \underline{\ 6\ }$ $\qquad$ $14 - 7 = \underline{\ 7\ }$

   > Je peux m'en faire une image dans ma tête. Je peux soustraire 9 de dix, puis ajouter 1 et 4. $1 + 4 = 5$

   > Je peux penser au chemin numérique et compter pour arriver à dix en premier, je peux imaginer commencer à 8 et sauter 2 carrés pour arriver à dix. Ensuite, je peux en sauter 4 de plus pour arriver à 14. 2 et 4 font 6.

   > Je peux utiliser la stratégie de soustraction de dix avec mes doigts. Je peux baisser 7 doigts et il me reste 3 doigts relevés. Je vais les ajouter à mes 4 doigts imaginaires. $3 + 4 = 7$

2. Lis l'histoire des mathématiques. Utilise un dessin ou une liaison numérique pour montrer comment tu sais qui a raison.

   Emma dit que les expressions 16 - 7 et 17 - 8 sont égales. Jordan dit qu'elles ne sont pas égales. Qui a raison ?

   **Emma a raison.** $\qquad$ $16 - 7 = \underline{\ 9\ }$ $\qquad\qquad$ $17 - 8 = \underline{\ 9\ }$

   $\qquad\qquad\qquad\qquad\quad$ 10  6 $\qquad\qquad\qquad\qquad$ 10  7

   $\qquad\qquad\qquad\qquad\qquad$ $10 - 7 = 3$ $\qquad\qquad$ $10 - 8 = 2$
   $\qquad\qquad\qquad\qquad\qquad$ $3 + 6 = 9$ $\qquad\qquad\ $ $2 + 7 = 9$

   > Lorsque je soustrais des dix dans chaque problème, je fais des phrases numériques plus faciles, $3 + 6 = 9$ et $2 + 7 = 9$. Les deux expressions valent 9, donc Emma a raison ; les expressions sont égales !

Leçon 20 : $\quad$ Soustrais 7, 8 et 9 du nombre de la dizaine.

243

Copyright © Great Minds PBC

Jordan et Emma essaient de trouver plusieurs phrases numériques de soustraction qui commencent par des nombres supérieurs à 10 et ont une réponse de 8. Aide-les à trouver des phrases numériques. Ils ont commencé la première.

| | |
|---|---|
| $17 - 9 = \underline{\ 8\ }$ | $18 - 10 = 8$ |
| $16 - 8 = 8$ | $15 - 7 = 8$ |

> Si je soustrais 1 des nombres dans 17 — 9, j'aurai 16 — 8. La différence ne change pas ; elle est toujours de 8.

> Si j'ajoute 1 aux chiffres de 17 - 9, j'aurai 18 - 10. La différence ne change pas ; elle est toujours de 8.

Leçon 20: Soustrais 7, 8 et 9 du nombre de la dizaine.

UNE HISTOIRE D'UNITÉS  Leçon 20 Devoirs 1•2

Nom _____  Date _____

Complète les phrases numériques pour les rendre vraies.

1. 15 - 9 = ____     2. 15 - 8 = ____     3. 15 - 7 = ____

4. 17 - 9 = ____     5. 17 - 8 = ____     6. 17 - 7 = ____

7. 16 - 9 = ____     8. 16 - 8 = ____     9. 16 - 7 = ____

10. 19 - 9 = ____    11. 19 - 8 = ____    12. 19 - 7 = ____

13. Fais correspondre des expressions égales.

    a.    19 - 9        12 - 7

    b.    13 - 8        18 - 8

Leçon 20: Soustrais 7, 8 et 9 du nombre de la dizaine.

14. Lis l'histoire des mathématiques. Utilise un dessin ou une liaison numérique pour montrer comment tu sais qui a raison.

    a. Elsie dit que les expressions 17 - 8 et 18 - 9 sont égales. John dit qu'elles ne sont pas égales. Qui a raison ?

    b. John dit que les expressions 11 - 8 et 12 - 8 ne sont pas égales. Elsie dit que si. Qui a raison ?

    c. Elsie dit que pour résoudre 17 - 9, elle peut soustraire 1 à 17 et le donner à 9 pour faire 10. Donc, 17 - 9 est égal à 16 - 10. John pense qu'Elsie a fait une erreur. Qui a raison ?

    d. John et Elsie essaient de trouver plusieurs phrases numériques de soustraction qui commencent par des nombres supérieurs à 10 et ont une réponse de 7. Aide-les à trouver des phrases numériques. Ils ont commencé la première.

    16 - 9 = ____

UNE HISTOIRE D'UNITÉS

**Leçon 21 Aide aux devoirs** 1•2

Oscar et Jayia ont tous deux résolu les problèmes de mots. Écris la stratégie utilisée dans le cadre de leur travail. Vérifie leur travail. S'il est incorrect, corrige-le. S'il est résolu correctement, résous-le en utilisant une stratégie différente.

Stratégies :
- Soustraire de 10
- Faire 10
- Addition
- Je savais juste

Jayla a utilisé une bonne stratégie, mais elle n'a pas commencé au bon nombre 7. Elle aurait dû additionner 3 de plus pour arriver à 10 (voir ci-dessous).

Il y avait 16 barres granola dans le four. 7 d'entre elles avaient des noix. Le reste était sans noix. Combien de barres granola étaient sans noix?

Travail d'Oscar

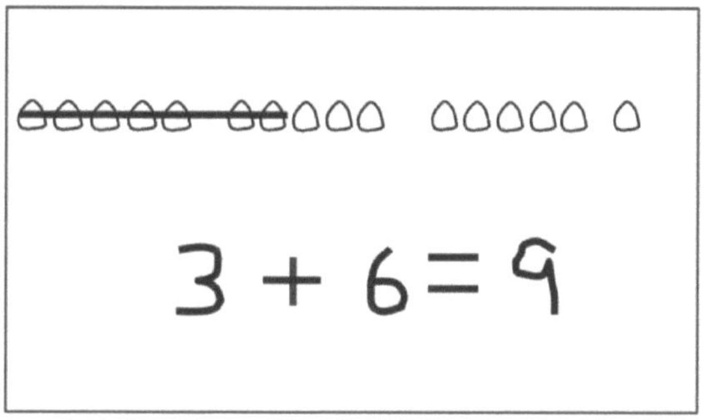

$3 + 6 = 9$

Travail de Jayla

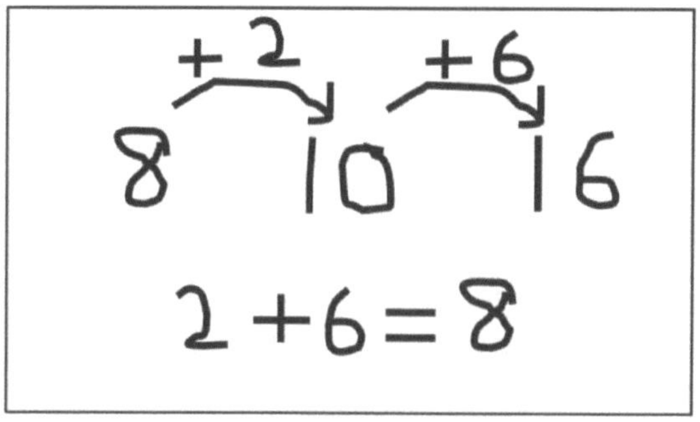

$8 \xrightarrow{+2} 10 \xrightarrow{+6} 16$

$2 + 6 = 8$

Oscar a raison ! Il a dessiné le total, 16, en rangées de groupes de 5. Puis, il a barré 7. Regarde, il en reste 3 et 6 !

Leçon 21 : Partage et critique les stratégies de solutions des autres élèves pour *soustraire avec un résultat inconnu* et *démonter avec nombre à ajouter inconnu* problèmes de mots de la dizaine.

a. Stratégie : __Soustraction de 10__

$$16 - 7 = 9$$
$$7 + 3 = 10$$
$$10 + 6 = 16$$
$$3 + 6 = 9$$

b. Stratégie : __Addition__

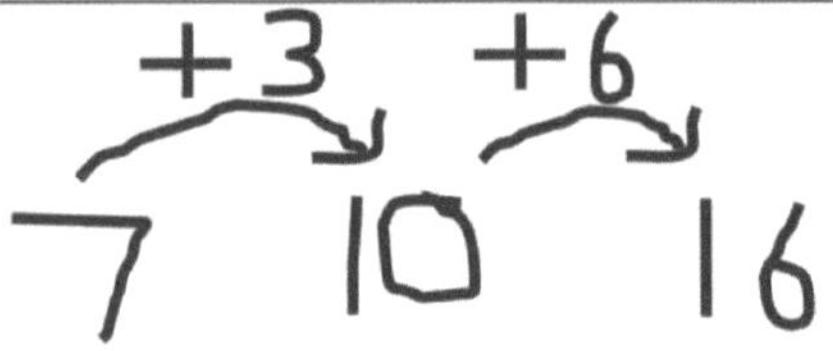

7 $\xrightarrow{+3}$ 10 $\xrightarrow{+6}$ 16

$$3 + 6 = 9$$

> La stratégie pour arriver à dix peut aussi être utilisée pour résoudre. 7 a besoin de 3 pour arriver à 10. 10 a besoin de 6 pour arriver à 16.
> $3 + 6 = 9$

Nom _____ Date _____

Olivia et Jake ont tous deux résolu les problèmes de mots.
Écris la stratégie utilisée dans le cadre de leur travail.
Vérifie leur travail. S'il est incorrect, corrige-le.
S'il est résolu correctement, résous-le en utilisant une stratégie différente.

Stratégies :
- Prendre à partir de 10
- Faire 10
- Addition
- Je savais juste

1. Un bol de fruits avait 13 pommes. Mike a mangé 6 pommes du bol de fruits. Combien de pommes restait-il ?

Le travail d'Olivia

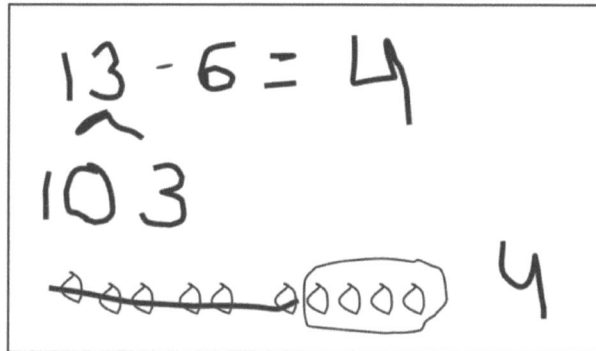

Le travail de Jake

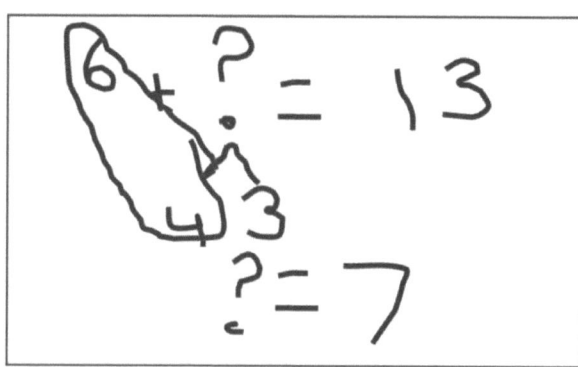

a. Stratégie : _____

b. Stratégie : _____

c. Explique ton choix de stratégie ci-dessous.

2. Drew a 17 cartes de baseball dans une boîte. Il a 8 cartes avec les joueurs des Red Sox, et les autres sont des joueurs des Yankees. Combien de cartes des joueurs des Yankees Drew a-t-il dans sa boîte ?

| Le travail d'Olivia | Le travail de Jake |
|---|---|
| 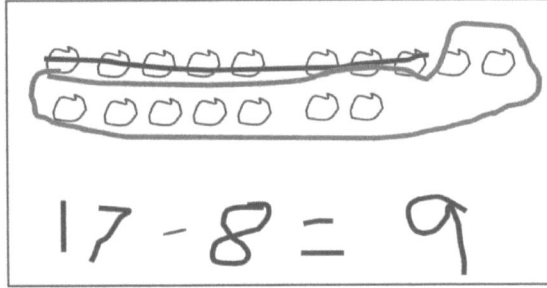 | 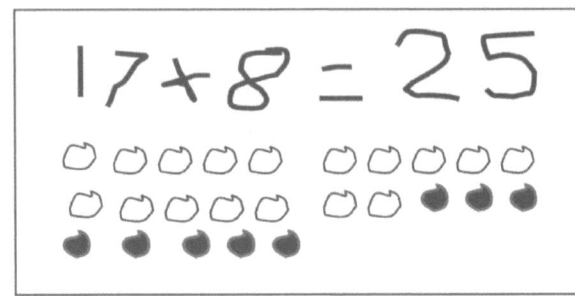 |

a. Stratégie : _____

b. Stratégie : _____

c. Explique ton choix de stratégie ci-dessous.

Lis le problème. Dessine et étiquetez. Écris une phrase numérique et une déclaration qui correspond à l'histoire.

Noublie pas de tracer un cadre autour de votre solution dans la phrase numérique.

Lee a 16 crayons. 7 des crayons sont rouges et les autres sont verts. Combien de crayons verts possède Lee ?

Je peux dessiner 16 cercles en rangées de groupes de 5 pour les 16 crayons. Je peux entourer 7 cercles et étiqueter cette partie r car il y a 7 crayons rouges. Je peux entourerl a partie qui reste et l'étiqueter v car le reste des crayons sont verts. Je peux rapidement voir que la partie étiquetée v est 9. Il y a 9 crayons verts.

$16 - 7 = \boxed{9}$

Je peux soustraire 7 de 16 pour obtenir la réponse. Ma phrase numérique est 16 - 7 = 9. J'ai mis une case autour de 9 parce que c'était le nombre que je ne connaissais pas dans l'histoire.

Je pourrais aussi écrire 7 + 9 = 16. C'est une autre façon de résoudre le problème. Je mettrais une case autour de 9 puisque c'est le nombre inconnu dans l'histoire.

**9 des crayons sont verts.**

Ma déclaration pour répondre à la question est « 9 des crayons sont verts ».

Nom _____  Date _____

Lis le mot problème.
Dessine et étiquette.
Écris une phrase numérique et une déclaration qui correspond à l'histoire.

N'oublie pas de tracer un cadre autour de votre solution dans la phrase numérique.

Stratégies :
- Soustraire de 10
- Faire 10
- Compter sur
- Je savais juste

1. Michael et Anastasia cueillent 14 fleurs pour leur maman. Michael cueille 6 fleurs. Combien de fleurs Anastasia a-t-elle cueillies ?

2. Daquan a acheté 6 petites voitures. Il a également acheté des magazines. Il a acheté 15 articles en tout. Combien de magazines Daquan a-t-il achetés ?

3. Henry et Millie ont préparé 18 biscuits. Neuf des biscuits étaient aux pépites de chocolat. Le reste était de la farine d'avoine. Combien étaient de la farine d'avoine ?

Leçon 22: Résoudre *assembler / démonter avec un addend* des problèmes de mots inconnus, et relier le comptage sur la stratégie d'addition de dizaine.

4. Felix a fait 8 invitations d'anniversaire avec des coeurs. Il a fait le reste avec des étoiles. Il a fait 17 invitations en tout. Combien d'invitations avaient des étoiles ?

5. Ben et Miguel organisent un concours de bowling. Ben gagne 9 fois. Ils jouent 17 matchs en tout. Il n'y a pas de match nul. Combien de fois Miguel gagne-t-il ?

6. Kenzie est allé à l'entraînement de football 16 jours ce mois-ci. Seulement 9 de ses pratiques étaient en journée d'école. Combien de fois a-t-elle pratiqué pendant un week-end ?

Lis le problème. Dessine et étiquette. Écris une phrase numérique et une déclaration qui correspond à l'histoire.

Sue a dessiné 8 triangles lundi et quelques autres triangles mardi. Sue a dessiné 14 triangles au total. Combien de triangles Sue a-t-elle dessinés mardi ?

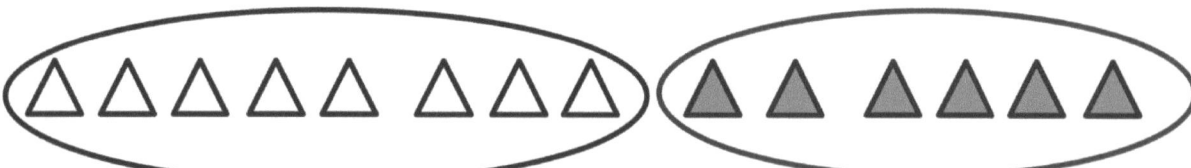

M       T

Je peux d'abord dessiner 8 triangles. Ce sont ceux que Sue a dessinés lundi. Je peux écrire M pour les étiqueter.

Ensuite, je continuerai à dessiner des triangles jusqu'à ce que j'aie 14 triangles. J'ai besoin de 2 triangles de plus pour faire 10, puis j'en dessinerai 4 de plus pour faire 14 triangles. C'est 6 triangles que Sue a dessinés sur mardi.

Le T signifie mardi, je peux les colorier pour pouvoir dire quels triangles j'ai ajoutés.

Laisse-moi entourer chaque partie.

$$8 + \boxed{6} = 14$$

**Sue a dessiné 6 triangles mardi.**

Ceci est ma déclaration. Elle répond à la question du problème.

Ma phrase numérique est 8 + 6 = 14. J'ai mis une case autour de 6 parce que c'était le nombre que je ne connaissais pas dans l'histoire.

Je pourrais écrire 14 - 8 = 6 car c'est une autre façon d'obtenir la réponse. Je mettrais quand même une case autour du 6.

Leçon 23: Résoudre ajouter avec changement inconnu problèmes, relation d'addition variée et stratégies de soustraction.

Nom _____  Date _____

Lis le mot problème.

Dessine et étiquette.

Écris une phrase numérique et une déclaration qui correspond à l'histoire.

1. Micah a recueilli 9 pommes de pin vendredi et quelques autres samedi. Micah a recueilli un total de 14 pommes de pin. Combien de pommes de pin Micah a-t-il recueillies samedi ?

2. Giana a acheté des autocollants 8 étoiles à ajouter à sa collection. Maintenant, elle a 17 autocollants en tout. Combien d'autocollants Giana avait-elle au début ?

3. Samil comptait 5 pigeons dans la rue. D'autres pigeons sont venus. Il y avait en tout 13 pigeons. Combien de pigeons sont venus ?

4. Claire avait des œufs dans le réfrigérateur. Elle a acheté 12 œufs de plus. Maintenant, elle a 18 œufs en tout. Combien d'œufs Claire avait-elle d'abord dans le réfrigérateur ?

UNE HISTOIRE D'UNITÉS | Leçon 24 Aide aux devoirs 1•2

Lis le problème. Dessine et étiquette. Écrivez une phrase numérique et une déclaration qui correspondent à l'histoire.

Il y avait 14 crayons sur la table. Certains étudiants ont emprunté des crayons. Il restait 9 crayons sur la table. Combien de crayons les élèves ont-ils empruntés ?

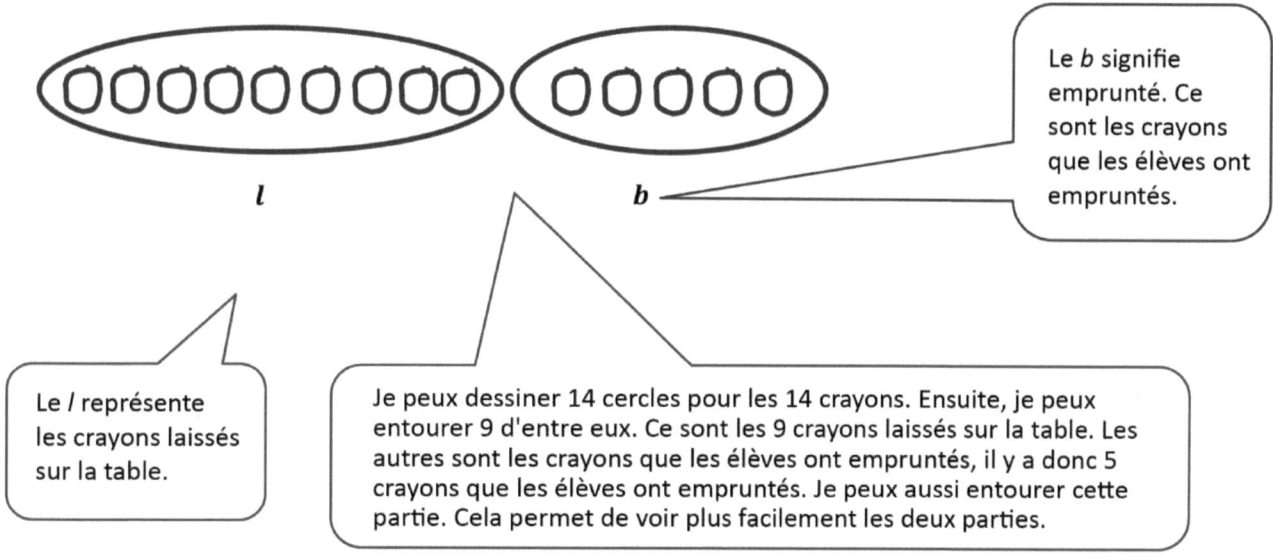

Le *b* signifie emprunté. Ce sont les crayons que les élèves ont empruntés.

Le *l* représente les crayons laissés sur la table.

Je peux dessiner 14 cercles pour les 14 crayons. Ensuite, je peux entourer 9 d'entre eux. Ce sont les 9 crayons laissés sur la table. Les autres sont les crayons que les élèves ont empruntés, il y a donc 5 crayons que les élèves ont empruntés. Je peux aussi entourer cette partie. Cela permet de voir plus facilement les deux parties.

Ma phrase numérique est 14 - 5 = 9. Cela montre qu'il y avait 14 crayons et 5 ont été empruntés, laissant 9 crayons sur la table.
J'aurais pu dire 9 + 5 = 14 ou 14 - 9 = 5. Ces réponses seraient également correctes. C'est pourquoi il est important de mettre le rectangle autour de ma réponse dans la phrase numérique.

$14 - \boxed{5} = 9$

**5 crayons ont été empruntés.**

Ma déclaration pour répondre à la question sera « 5 crayons ont été empruntés ».

Leçon 24 : Élaborez des stratégies pour résoudre *les problèmes de changement* inconnus.

Nom _____ Date _____

Ls le mot problème.

Dessine et étiquette.

Écris une phrase numérique et une déclaration qui correspond à l'histoire.

1. Toby a laissé tomber 12 crayons de couleur sur le sol de la classe. Toby a ramassé 9 crayons de couleur. Marnie a ramassé le reste. Combien de crayons Marnie a-t-elle ramassés ?

2. Il y avait 11 élèves sur le terrain de jeu. Certains élèves sont retournés en classe. Si 7 étudiants sont restés à l'extérieur, combien d'étudiants sont entrés à l'intérieur ?

3. Lors de la pièce, 8 étudiants de la classe de M. Frank ont obtenu un siège. S'il y avait 17 enfants de la Classe 24, combien d'enfants n'ont pas obtenu de siège ?

4. Simone avait 12 bagels. Elle en a partagé avec des amis. Maintenant, elle lui reste 9 bagels. Combien en a-t-elle partagés avec des amis ?

UNE HISTOIRE D'UNITÉS — Leçon 25 Aide aux devoirs 1•2

1. Entourez « vrai » ou « faux ».

| Équation | Vrai ou faux ? |
|---|---|
| $9 + 1 = 5 + 4$ | Vrai / **Faux** |

> Les deux équations doivent être identiques.
> $9 + 1 = 10$
> $5 + 4 = 9$
> Elles ne sont pas les mêmes. Je dois entourer faux.

2. Lola et Charlie utilisent des cartes d'expression pour faire de vraies phrases numériques. Utilisez des images et des mots pour montrer qui a raison.

   Charlie a choisi 11 - 8, et Lola a choisi 2 + 1. Charlie dit que ces expressions ne sont pas égales, mais Lola n'est pas d'accord. Qui a raison ? Utilisez une image pour expliquer votre raisonnement.

> Les deux expressions doivent être identiques. Je peux résoudre 11 - 8 en utilisant la stratégie de soustraction de dix. 10 − 8 = 2, puis j'ajoute le 1 supplémentaire de 11. 2 + 1 = 3, donc 11 - 8 = 3.

$11 - 8 = 3$ *et* $2 + 1 = 3$.

   10    1

$10 - 8 = 2$
$2 + 1 = 3$

*Lola a raison.* $11 - 8 = 2 + 1$

> 2 + 1 c'est facile. Cela fait 3. Puisque 11 - 8 = 3 et 2 + 1 = 3, les deux expressions sont égales. Lola a raison.

3. La phrase de nombre d'addition suivante est FAUSSE. Modifiez un nombre dans chaque problème pour créer une phrase numérique VRAIE et réécrivez la phrase numérique.

$10 + 5 = 8 + 6$        $\underline{10 + 5 = 9 + 6}$

> 10 + 5 = 15. Mais 8 + 6 = 14. Je peux changer le 8 en 9 puisque 9 + 6 = 15, tout comme 10 + 5.
>
> Je pourrais changer le 5 en 4 pour faire 10 + 4 = 8 + 6 si je le voulais. Ce serait une autre vraie phrase numérique.

Leçon 25: Élaborer une stratégie et appliquer la compréhension du signe égal pour résoudre les expressions équivalentes.

Nom _____ Date _____

1. Entoure « vrai » ou « faux ».

| Équation | Vrai ou faux ? |
|---|---|
| a.  2 + 3 = 5 + 1 | Vrai / Faux |
| b.  7 + 9 = 6 + 10 | Vrai / Faux |
| c.  11 - 8 = 12 - 9 | Vrai / Faux |
| d.  15 - 4 = 14 - 5 | Vrai / Faux |
| e.  18 - 6 = 2 + 10 | Vrai / Faux |
| f.  15 - 8 = 2 + 5 | Vrai / Faux |

2. Lola et Charlie utilisent des cartes d'expression pour faire de vraies phrases numériques. Utilise des images et des mots pour montrer qui a raison.

   a. Lola a choisi 4 + 8 et Charlie a choisi 9 + 3. Lola dit que ces expressions sont égales, mais Charlie n'est pas d'accord. Qui a raison ? Explique ton raisonnement.

UNE HISTOIRE D'UNITÉS — Leçon 25 Devoirs 1•2

b. Charlie a choisi 11 - 4, et Lola a choisi 6 + 1. Charlie dit que ces expressions ne sont pas égales, mais Lola n'est pas d'accord. Qui a raison ? Utilise une image pour expliquer votre raisonnement.

c. Lola a choisi 9 + 7, et Charlie a choisi 15 - 8. Lola dit que ces expressions sont égales mais Charlie n'est pas d'accord. Qui a raison ? Utilise une image pour expliquer ton raisonnement.

3. Les phrases de nombre d'addition suivantes sont FAUSSES. Modifie un nombre dans chaque problème pour créer une phrase numérique VRAIE et réécris la phrase numérique.

   a. 10 + 5 = 9 + 5 _____

   b. 10 + 3 = 8 + 4 _____

   c. 9 + 3 = 8 + 5 _____

UNE HISTOIRE D'UNITÉS — Leçon 26 Aide aux devoirs — 1•2

1. Entoure une dizaine. Écris le numéro. Combien de dizaines et d'unités ?

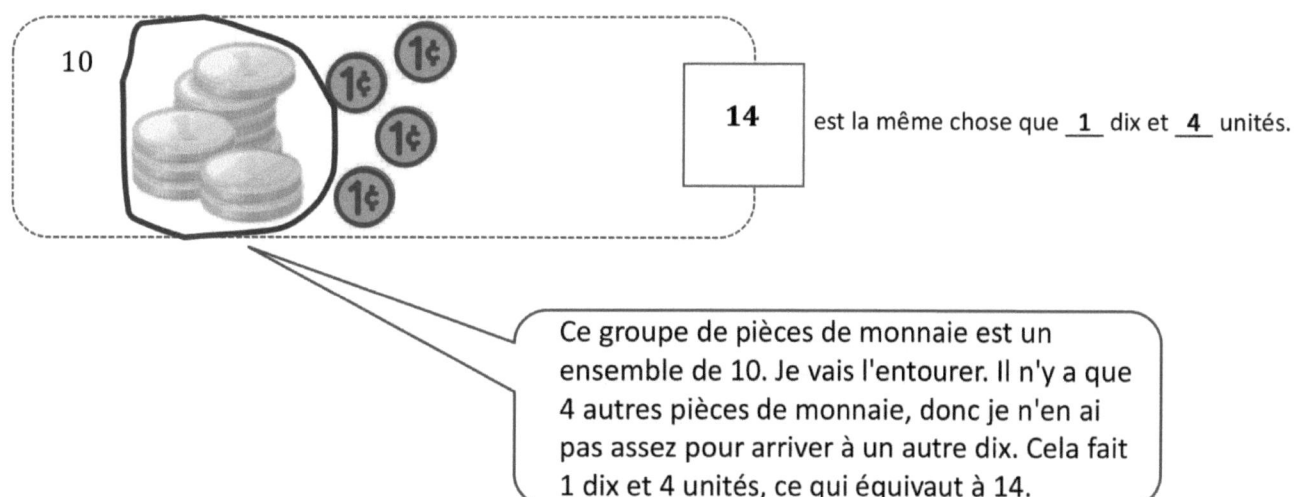

**14** est la même chose que **1** dix et **4** unités.

Ce groupe de pièces de monnaie est un ensemble de 10. Je vais l'entourer. Il n'y a que 4 autres pièces de monnaie, donc je n'en ai pas assez pour arriver à un autre dix. Cela fait 1 dix et 4 unités, ce qui équivaut à 14.

2. Utilise les images Masquer zéro pour dessiner les dizaines et les unités indiquées sur les cartes.

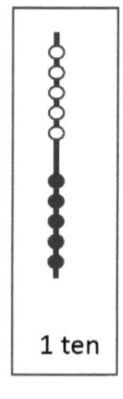

1 ten

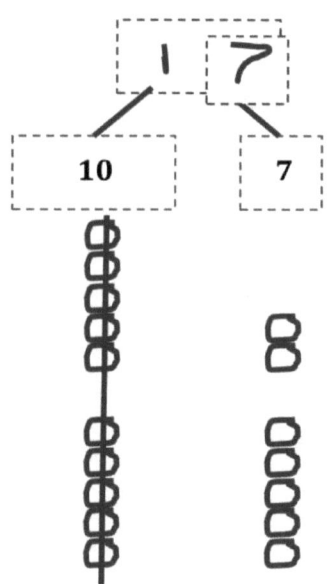

17 est composé de 10 et 7. Je peux afficher 10 sur la carte plus longue et 7 sur la carte courte. J'ai besoin de dessiner ou de coller 10 points sur la ligne. Cela montre que j'ai souvent un ensemble complet. Ensuite, je dois dessiner 7 points à côté pour les 7 autres.

Leçon 26: Identifie 1 dizaine comme une unité en renommant les représentations de 10.

3. Dessine à l'aide de colonnes à 5 groupes pour afficher les dizaines et les unités.

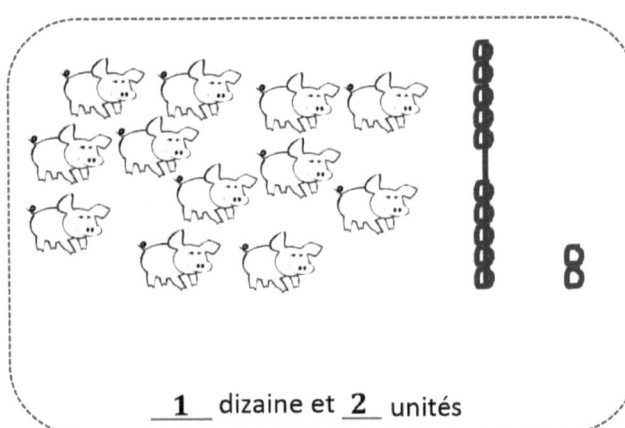

__1__ dizaine et __2__ unités

C'est comme le problème ci-dessus. Laisse-moi compter les cochons... Euh, il y a 12 cochons. Je vais d'abord ajouter ou coller les points sur ma ligne. Il devrait y en avoir 10 car la ligne nous rappelle que nous avons 1 ensemble complet de 10 pour faire 1 dix. Puis, je dois en dessiner 2 de plus car 12 est 2 de plus que 10. C'est 1 dix et 2 unités.

4. Dessine tes propres exemples en utilisant des colonnes à 5 groupes pour afficher les dizaines et les unités.

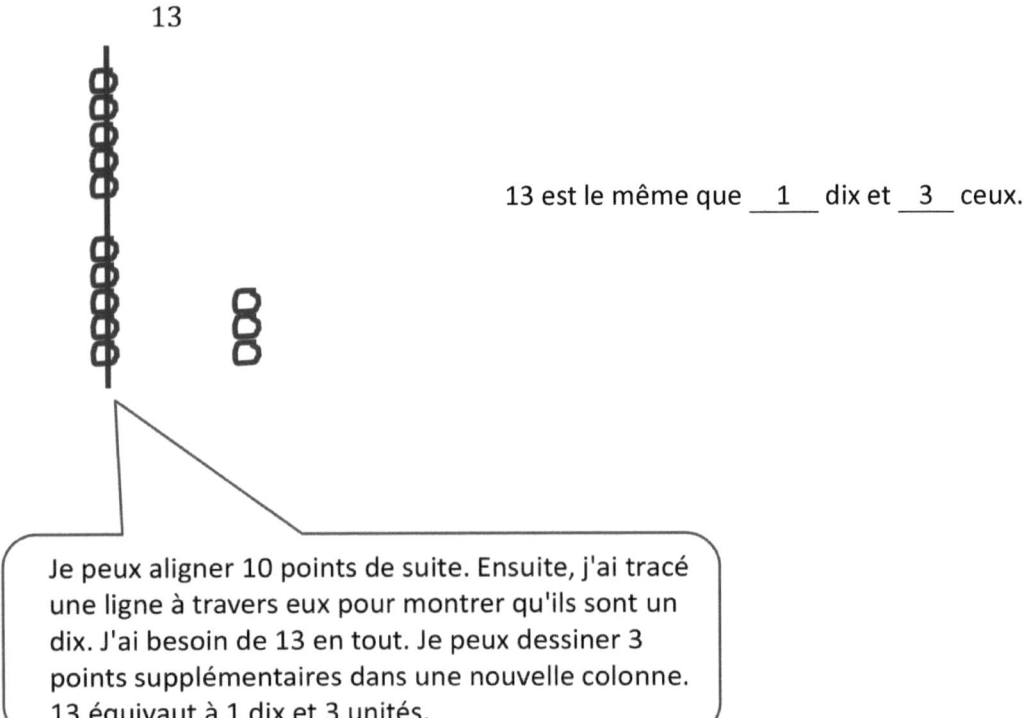

13 est le même que __1__ dix et __3__ ceux.

Je peux aligner 10 points de suite. Ensuite, j'ai tracé une ligne à travers eux pour montrer qu'ils sont un dix. J'ai besoin de 13 en tout. Je peux dessiner 3 points supplémentaires dans une nouvelle colonne. 13 équivaut à 1 dix et 3 unités.

Nom _____ Date _____

Entoure une **dizaine**. Écris le numéro. Combien de **dizaines** et **d'unités** ?

1. 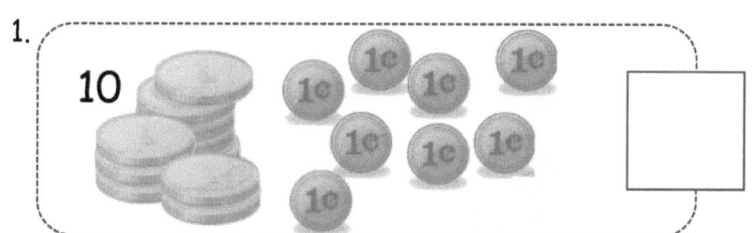 ☐ est la même chose que

   ___ dizaines et ___ unités.

2. 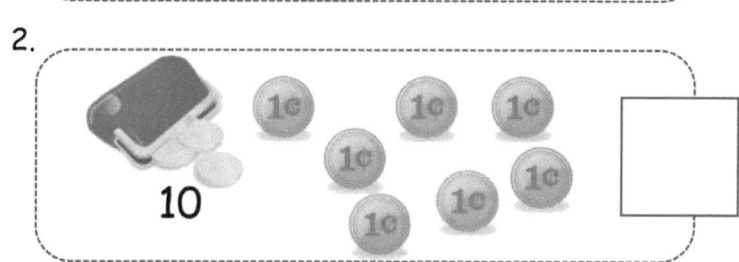 ☐ est la même chose que

   ___ unités et ___ dizaines.

Utilise les images Masquer zéro pour dessiner les dizaines et les unités indiquées sur les cartes.

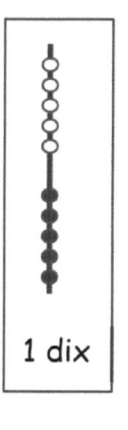
1 dix

3.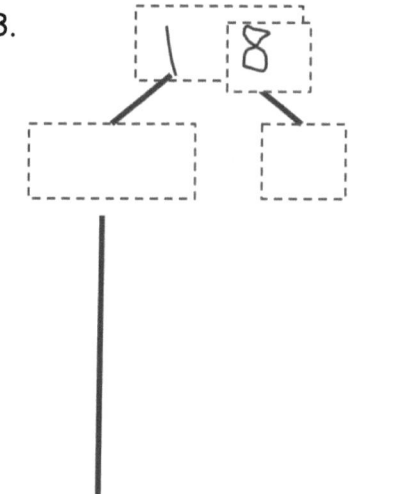

_____ dizaines et _____ unités

4.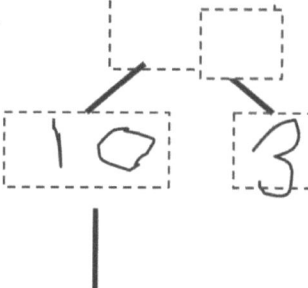

_____ dizaines et _____ unités

UNE HISTOIRE D'UNITÉS  Leçon 26 Devoirs 1•2

Dessine à l'aide de colonnes à 5 groupes pour afficher les dizaines et les unités.

5.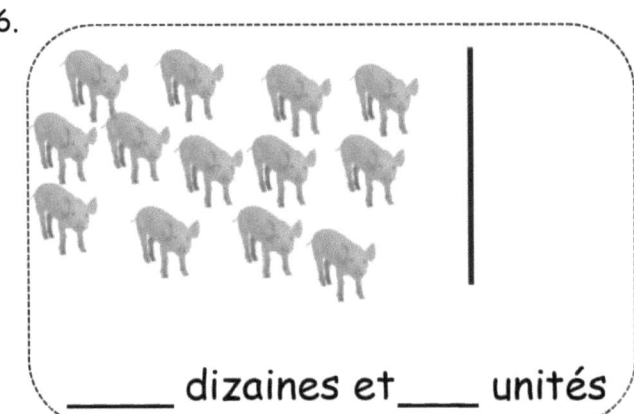

_____ dizaines et _____ unités

6.

_____ dizaines et _____ unités

Dessine tes propres exemples en utilisant des colonnes à 5 groupes pour montrer les dizaines et les unités.

7.       16

16 est la même chose que

___ dizaines et _____ unités.

8.       19

19 est la même chose que

_____ unités et _____ dizaines.

Leçon 26 : Identifie 1 dizaine comme une unité en renommant les représentations de 10.

1. Résous les problèmes. Écris les réponses pour montrer combien de dizaines et d'unités. S'il n'y a qu'une dizaine, raie le « s ».

Comme cela ne fait que 1 dizaine, je peux rayer le « s ».

$8 + 6 =$ | 1 | 4 |

__1__ dizaine et __4__ unités

De combien ai-je besoin pour arriver à 10 de 8 ? 2. Quand j'utilise 2 des 6, je dois quand-même en ajouter 4 de plus. C'est 1 dix et 4 pour faire 14.

Cette fois, je raye encore le « s ». On dit 0 dizaine.

$14 - 8 =$ | 0 | 6 |

10 - 8 = 2. Si je retire 8 de 10, il me restera 2 et 4. 2 + 4 = 6

__0__ dizaine et __6__ unités

2. Lis le problème de mots. Dessine et étiquette. Écris une phrase numérique et une légende qui correspondent à l'histoire. Réécris ta réponse pour afficher ses dizaines et ses unités. S'il n'y a que 1 dizaine, raie le « s ».

Jack voit 5 oiseaux dans le nichoir et 15 oiseaux dans l'arbre. Combien d'oiseaux Jack voit-il ?

Je peux dessiner 15 cercles pour les oiseaux dans l'arbre et 5 autres cercles pour les oiseaux dans le nichoir. Au total, il y a 20 oiseaux.

bh — Le bh. représente les oiseaux et le nichoir.

t — Le t représente les oiseaux dans l'arbre.

Ma phrase numérique correspond à mon dessin.

$15 + 5 = \boxed{20}$

*Il y a 20 oiseaux.*

20 est composé de 2 dizaines sans laisser de reste.

__2__ dizaines et __0__ unités

UNE HISTOIRE D'UNITÉS

Leçon 27 Devoirs 1•2

Nom _____  Date _____

Résous les problèmes. Écris les réponses pour montrer combien de dizaines et d'unités. S'il y a une seule dizaine, raie le « s ».

1.
   8 + 5 = ☐☐

   ____ dizaines et ____ unités

2.
   12 - 4 = ☐☐

   ____ dizaines et ____ unités

3.
   15 - 6 = ☐☐

   ____ dizaines et ____ unités

4.
   14 + 5 = ☐☐

   ____ dizaines et ____ unités

5.
   13 + 5 = ☐☐

   ____ dizaines et ____ unités

6.
   17 - 8 = ☐☐

   ____ dizaines et ____ unités

Leçon 27 : Résous les problèmes d'addition et de soustraction en décomposant et en composant des numéros de dix à dix-neuf en 1 dizaine et quelques unités.

**Lis** le problème de mots. **D**essine et étiquette. **R**édige une phrase et une légende numériques qui correspondent à l'histoire. Réécris ta réponse pour afficher ses dizaines et ses unités. S'il n'y a q'une dizaine, raie le « s ».

7. Mike a des voitures rouges et 8 voitures bleues. Si Mike a 9 voitures rouges, combien de voitures a-t-il en tout?

   _____ dizaines et _____ unités

8. Yani et Han avaient 14 balles de golf. Ils ont perdu des balles. Il leur restait 8 balles de golf. Combien de balles ont-ils perdues?

   _____ dizaines et _____ unités

9. Nick fait du vélo sur 6 miles au cours du week-end. Il parcourt 14 miles au cours de la la semaine. Combien de miles au total Nick parcourt-il?

   _____ dizaines et _____ unités

UNE HISTOIRE D'UNITÉS                                    Leçon 28 Aide aux devoirs  1•2

1. Résous les problèmes. Écris tes réponses pour montrer combien de dizaines et d'unités.

   $9 + 6 =$  | 1 | 5 |

   $\underline{\ 9\ } + \underline{\ 1\ } = \underline{\ 10\ }$

   $\underline{10} + \underline{\ 5\ } = \underline{15}$

   > 9 a besoin de 1 de plus pour faire dix. Puis, je dois en ajouter 5 de plus. 10 + 5 = 15. C'est 1 dix et 5 unités.

2. Résous. Écris les deux phrases numériques pour chaque étape pour montrer comment tu obtiens un dix.

   Ani avait 9 fleurs. Elle cueille 5 nouvelles fleurs. Combien de fleurs Ani a-t-elle?

   $\underline{\ 9\ } + \underline{\ 5\ } = \underline{14}$

   $\underline{\ 9\ } + \underline{\ 1\ } = \underline{\ 10\ }$

   $\underline{10} + \underline{\ 4\ } = \underline{14}$

   > 9 a besoin de 1 de plus pour faire 10.
   > $9 + 1 = 10$
   > Puisque j'ai retiré le 1 du 5, je dois en ajouter 4 de plus.
   > $10 + 4 = 14$

Leçon 28 : Résous les problèmes d'addition en utilisant dix comme unité et écris en deux étapes solutions.

Nom Date

Résous les problèmes. Écris tes réponses pour montrer combien de **dizaines** et d'unités.

$9 + 3 = \boxed{1} \boxed{2}$
$9 + 1 = 10$
$10 + 2 = 12$

1. $9 + 7 =$ ☐☐

2. $8 + 5 =$ ☐☐

___ + ___ = ___     ___ + ___ = ___

___ + ___ = ___     ___ + ___ = ___

Résous. Écris les deux phrases numériques pour chaque étape pour montrer comment tu obtiens **un dix**.

3. Boris a 9 jeux de société sur son étagère et 8 jeux de société dans son placard. Combien de jeux de société Boris a-t-il au total?

   $\underline{9} + \underline{8} =$

   ___ + ___ = ___

   ___ + ___ = ___

4. Sabra a construit une tour avec 8 blocs. Yuri a monté une autre tour avec 7 blocs. Combien de blocs ont-ils utilisés?

UNE HISTOIRE D'UNITÉS     Leçon 28 Devoirs   1•2

5. Camden a résolu 6 problèmes de mots supplémentaires. Elle a également résolu 9 problèmes de mots de soustraction. Combien de problèmes de mots a-t-elle résolus au total?

6. Minna a fait 4 bracelets et 8 colliers avec ses perles. Combien de bijoux Minna a-t-elle faits?

7. J'ai mis 5 pêches dans mon sac au marché fermier. Si j'avais déjà 7 pommes dans mon sac, combien de fruits avais-je en tout ?

UNE HISTOIRE D'UNITÉS                    Leçon 29 Aide aux devoirs   1•2

Résous les problèmes. Écris tes réponses pour montrer combien de dizaines et d'unités. Montre ta solution en deux étapes;

Étape 1 : Écris une phrase numérique à soustraire de dix.

Étape 2 : Écris une phrase numérique pour ajouter les parties restantes.

$$\boxed{1\ \ 5} - 9 = 6$$

$\underline{10} - \underline{9} = \underline{1}$

$\underline{1} + \underline{5} = \underline{6}$

> 15 est composé de 10 et 5. Je peux soustraire 9 de 10 rapidement.

> Ensuite, je peux ajouter 1 au 5 que je n'ai pas touché. 1 + 5 = 6

Leçon 29 : Résous les problèmes de soustraction en utilisant dix comme unité et écris en deux étapes solutions.

UNE HISTOIRE D'UNITÉS — Leçon 29 Devoirs 1•2

Nom _____   Date _____

Résous les problèmes. Écris tes réponses pour montrer combien de **dizaines** et d'**unités**.

| 1 | 2 | - 5 = 7
10 - 5 = 5
5 + 2 = 7

1.  | 1 | 7 | - 8 = ____

2.  | 1 | 6 | - 7 = ____

____ - ____ = ____        ____ - ____ = ____

____ + ____ = ____        ____ + ____ = ____

---

Résous. Écris les deux phrases numériques pour chaque étape pour montrer comment tu soustrais de dix. N'oublie pas de mettre une boîte autour de ta solution et d'écrire une légende.

3. Yvette a compté 12 enfants dans le parc. Elle en comptait 3 sur le terrain de jeux et les autres en train de jouer dans le sable. Combien d'enfants comptait-elle en train de jouer dans le sable ?

____ - ____ = ____

____ + ____ = ____

---

4. Eli a lu des magazines scientifiques. Il a ensuite lu 9 magazines sportifs. S'il lisait au total 18 magazines, combien de magazines scientifiques Eli lisait-il ?

____ - ____ = ____

____ + ____ = ____

Leçon 29 : Résous les problèmes de soustraction en utilisant dix comme unité et écris en deux étapes solutions.

5. Lundi, Paulina a emprunté 6 livres de baleines et quelques livres de tortues de la bibliothèque. Si elle a emprunté 13 livres au total, combien de livres sur les tortues Paulina a-t-elle empruntés ?

\_\_\_\_ - \_\_\_\_ = \_\_\_\_

\_\_\_\_ + \_\_\_\_ = \_\_\_\_

6. Certains enfants jouent au football dans le parc. Sept portent des maillots blancs. S'il y a 14 enfants qui jouent au football en tout, combien d'enfants ne portent pas de maillot blanc ?

\_\_\_\_ - \_\_\_\_ = \_\_\_\_

\_\_\_\_ + \_\_\_\_ = \_\_\_\_

7. Dante a 9 animaux en peluche dans sa chambre. Les autres animaux en peluche sont dans la salle de télévision. Dante a 15 animaux en peluche. Combien d'animaux en peluche de Dante se trouvent dans la salle de télévision ?

\_\_\_\_ - \_\_\_\_ = \_\_\_\_

\_\_\_\_ + \_\_\_\_ = \_\_\_\_

# CP Module 3

UNE HISTOIRE D'UNITÉS — Leçon 1 Aide aux devoirs 1•3

1. Suis les instructions. Termine la phrase.

Entoure le chien **le plus long**.

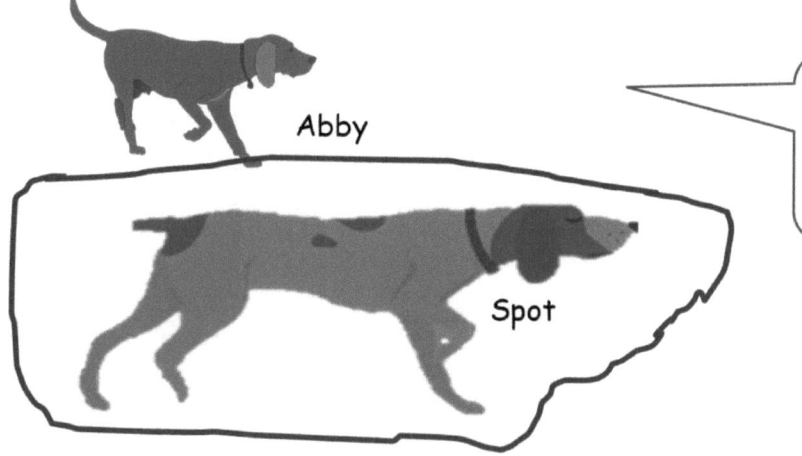

Je vois que Spot est plus long parce que Spot et Abby se sont alignés parfaitement et Spot dépasse Abby.

**_Spot_** est plus long **_qu'Abby._**

2. Insère les termes plus ou moins que, de sorte que la phrase soit correcte.

Les fonds de bouteilles sont sur une même ligne. C'est comme s'ils étaient sur une table, ce qui rend plus facile à distinguer. La colle est plus courte que le ketchup.

La colle est **_plus courte_** que le ketchup.

Leçon 1 : Comparer directement la longueur et considérer l'importance d'aligner les points d'extrémité.

3.

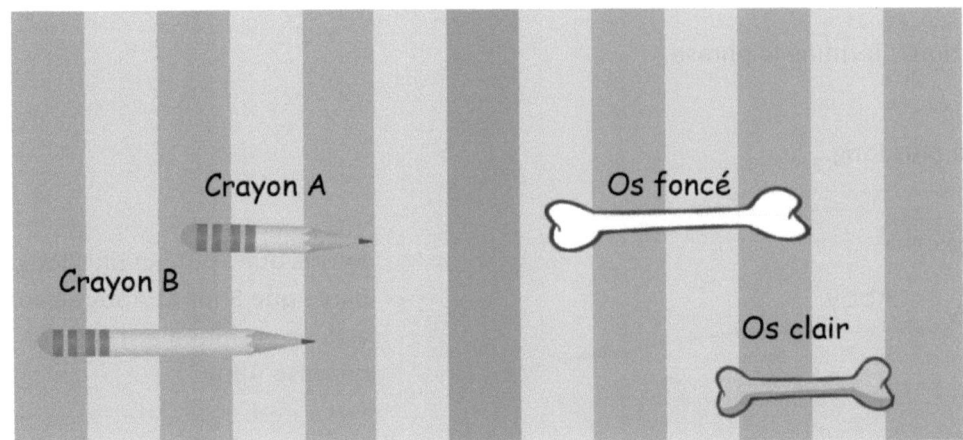

Le crayon B est **plus long que** le crayon A.

L'os foncé est **plus court que** l'os clair.

> Les bouts ne sont pas alignés, mais ça se voit que le crayon B est plus long parce qu'il franchit plus de 3 rayures. Le crayon A ne franchit que 2 rayures.

Entoure vrai ou faux.

L'os léger est plus court que le crayon A. Vrai ou

---

4. Trouve 3 fournitures scolaires. **Dessine-les ici dans l'ordre de la plus courte à la plus longue.** Étiquette chaque fourniture scolaire.

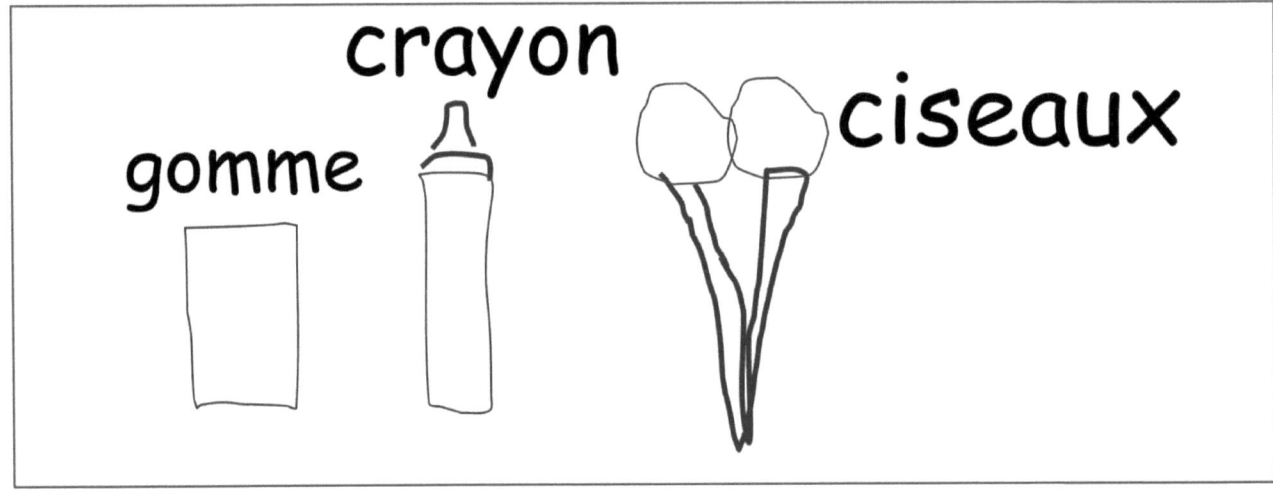

Nom _____ Date _____

Suis les instructions. Termine les phrases.

1. Entoure le *lapin* **le plus long**.

_____ est plus long que _____.

2. Entoure le fruit **le plus court**.

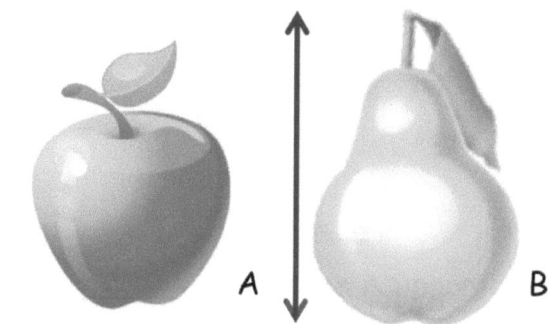

_____ est plus court que _____.

Insère les termes plus ou moins que, de sorte que les phrases soient correctes.

3.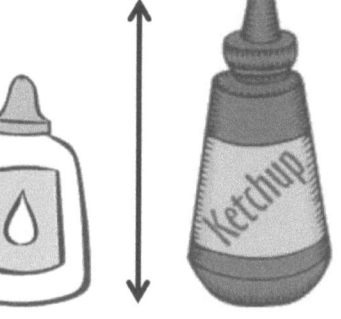

La colle

est_____

le ketchup.

4.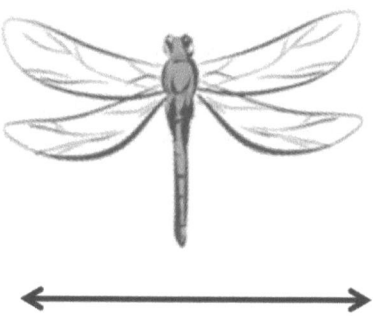

L'envergure de la libellule

est_____

l'envergure du papillon.

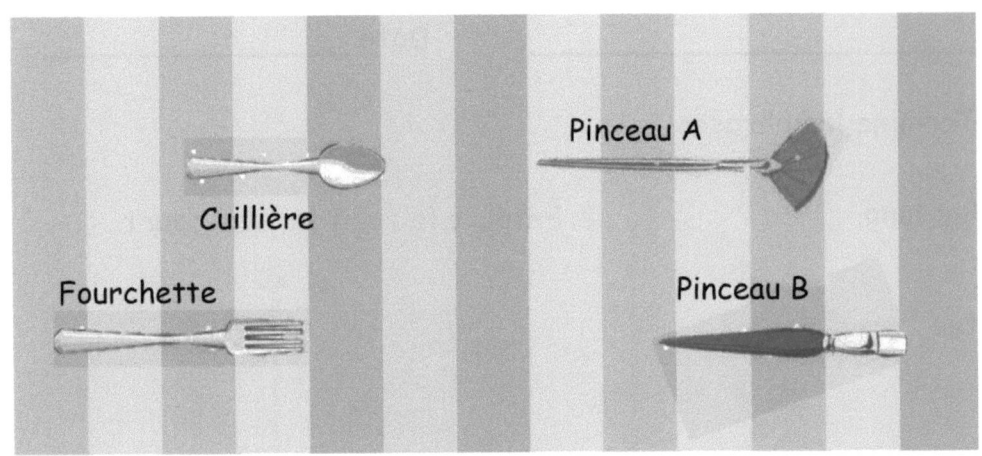

5. Le pinceau A est _____ le pinceau B.

6. La cuillère est _____ la fourchette.

7. Entoure vrai ou faux.

   La cuillère est plus courte que le pinceau B. Vrai ou Faux

---

8. Trouve 3 objets dans ta pièce. Dessine-les ici dans l'ordre du plus court au plus long. Étiquette chaque objet.

1. Utilise la bandelette de papier fournie par ton professeur pour mesurer chaque image. Encercle les mots dont tu as besoin pour que la phrase soit correcte. Ensuite, remplis le blanc.

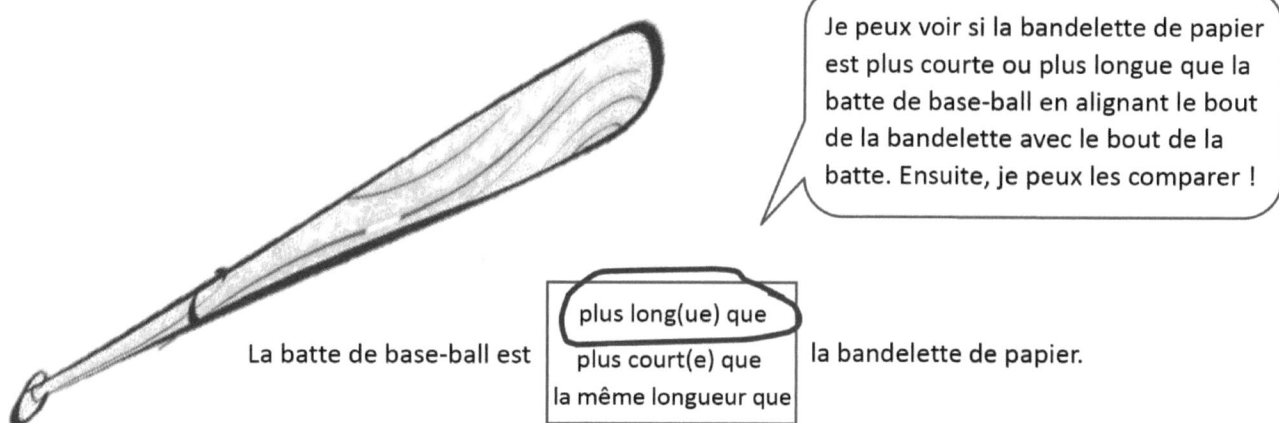

Je peux voir si la bandelette de papier est plus courte ou plus longue que la batte de base-ball en alignant le bout de la bandelette avec le bout de la batte. Ensuite, je peux les comparer !

La batte de base-ball est ⟨**plus long(ue) que**⟩ / plus court(e) que / la même longueur que la bandelette de papier.

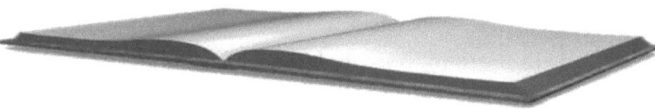

Le livre est plus long(ue) que / ⟨**plus court(e) que**⟩ / la même longueur que la bandelette de papier.

Je sais que la batte de base-ball est plus longue que la bandelette de papier et le livre est plus court que la bandelette de papier, alors la batte doit être plus longue que le livre !

La batte de base-ball est _**plus longue**_ que le livre.

2. Complète les phrases avec plus de, plus court que ou la même longueur, de sorte que les phrases soient correctes.

Le tube est **plus long que** le seau.

J'ai utilisé ma bandelette de papier pour mesurer. Le tube est plus long que le papier. Le seau est plus court que la bandelette de papier, alors je sais que le tube doit être plus long que le seau.

Utilise les mesures des problèmes 1 et 2. Encercle le mot qui fait que les phrases soient correctes.

3. La batte de base-ball est plus (**longue**/courte) que le seau.

Si la batte de base-ball est plus longue que la bandelette de papier et le seau est plus court que la bandelette de papier, alors la batte est plus longue que le seau !

4. Classe ces objets du plus court au plus long : seau, tube et bandelette de papier.

____seau____     ____bandelette de papier____     ____tube____

Le seau est plus court que la bandelette de papier et la bandelette de papier est plus courte que le tube, alors le seau est le plus court et le tube est le plus long.

5. Dessine une image pour t'aider à compléter les relevés de mesure. Encercle les mots qui font que chaque déclaration soit correcte.

Susie est plus grande que Donnie.

Jason est plus grand que Susie.

Donnie est plus grand (/plus court que) Jason.

D'abord, je dessine Susie et Donnie. Puis je dessine Jason. Puisque Donnie est plus petit que Susie et Susie et plus petite que Jason, Donnie aussi est plus petit que Jason !

UNE HISTOIRE D'UNITÉS                                    Leçon 2 Devoirs   1•3

Nom _____    Date _____

Utilise la bandelette de papier fournie par ton professeur pour mesurer chaque **image**. Encercle les mots dont tu as besoin pour que la phrase soit correcte. Ensuite, remplis le blanc.

1.

**Le sundae est** | plus long(ue) que / plus court(e) que / la même longueur que | **la bandelette de papier.**

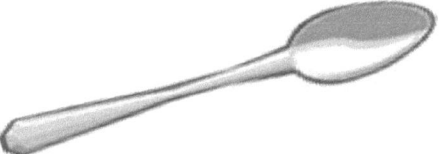

**La cuillère est** | plus long(ue) que / plus court(e) que / la même longueur que | **la bandelette de papier.**

La **cuillère** est _____ le **sundae**.

---

2.

Le **ballon** est _____ le **gâteau**.

Leçon 2 : Comparer la longueur à l'aide d'une comparaison indirecte en trouvant des objets plus longs, plus courts que et de longueur égale à ceux d'une chaîne.

293

3.

La **balle** est plus courte que la bandelette de papier.

Ainsi, la **chaussure** est _____ la **balle**.

Utilise les mesures des problèmes 1 et 3. Encercle le mot qui rend les phrases correctes.

4. La cuillère est **(plus longue / plus courte)** que le gâteau.

5. Le ballon est **(plus long / plus court)** que le sundae.

6. La chaussure est **(plus longue / plus courte)** que le ballon.

7. Classe ces objets du plus court au plus long :

   gâteau, cuillère et bandelette de papier.

   _____    _____    _____

Dessine une image pour t'aider à compléter les relevés de mesure. Encercle le mot qui fait que chaque phrase soit correcte.

8. Les cheveux de Marni sont plus courts que ceux de Wesley.
   Les cheveux de Marni sont plus longs que ceux de Bita.
   Les cheveux de Bita sont **(plus longs / plus courts)** que les cheveux de Wesley

9. Elliott est plus petit que Brady.
   Sinclair est plus court qu'Elliott.
   Brady est **(plus grand / plus petit)** que Sinclair.

1. La chaîne qui mesure le chemin de la maison de poupée au parc est plus longue que le trajet de la maison de poupée au parc et le magasin. Entoure le trajet le plus court.

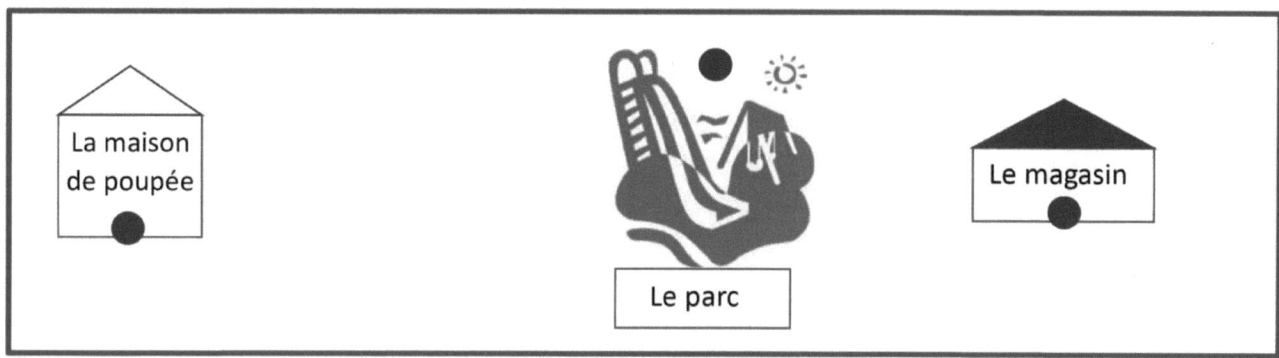

Utilise l'image pour répondre aux questions sur les rectangles.

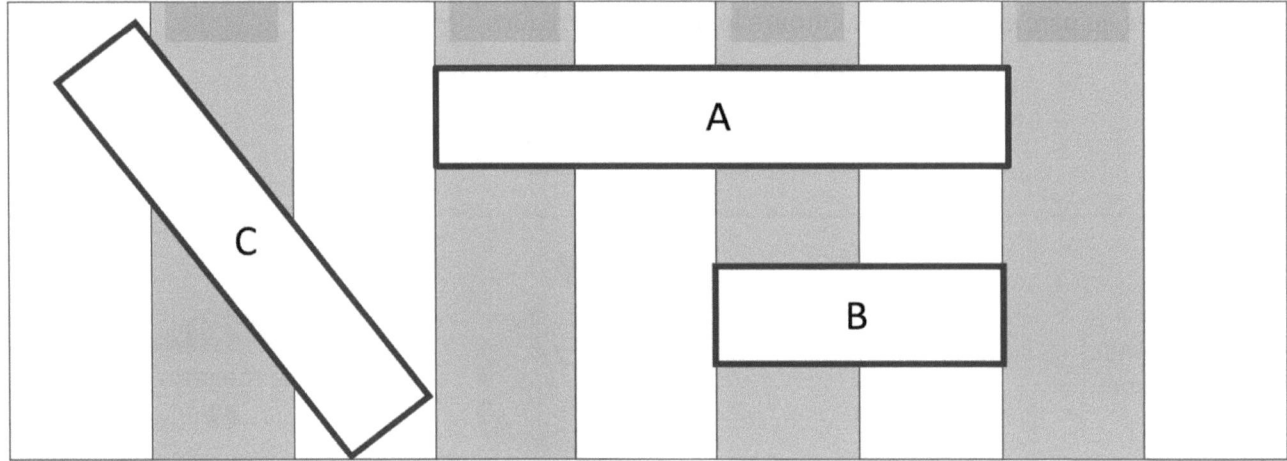

2. Quel est le rectangle le plus court ? __Rectangle B__

3. Si le rectangle A est plus long que le rectangle C, le rectangle le plus long est le __Rectangle A__

4. Classe les rectangles du plus court au plus long :

   __B__              __C__              __A__

> Je vois que le rectangle B est le plus court et c'est indiqué que le rectangle A est plus long que le rectangle C, alors l'ordre doit être B, C, A !

UNE HISTOIRE D'UNITÉS — Leçon 3 Aide aux devoirs 1•3

Utilise l'image pour répondre aux questions sur les trajets des élèves vers l'école.

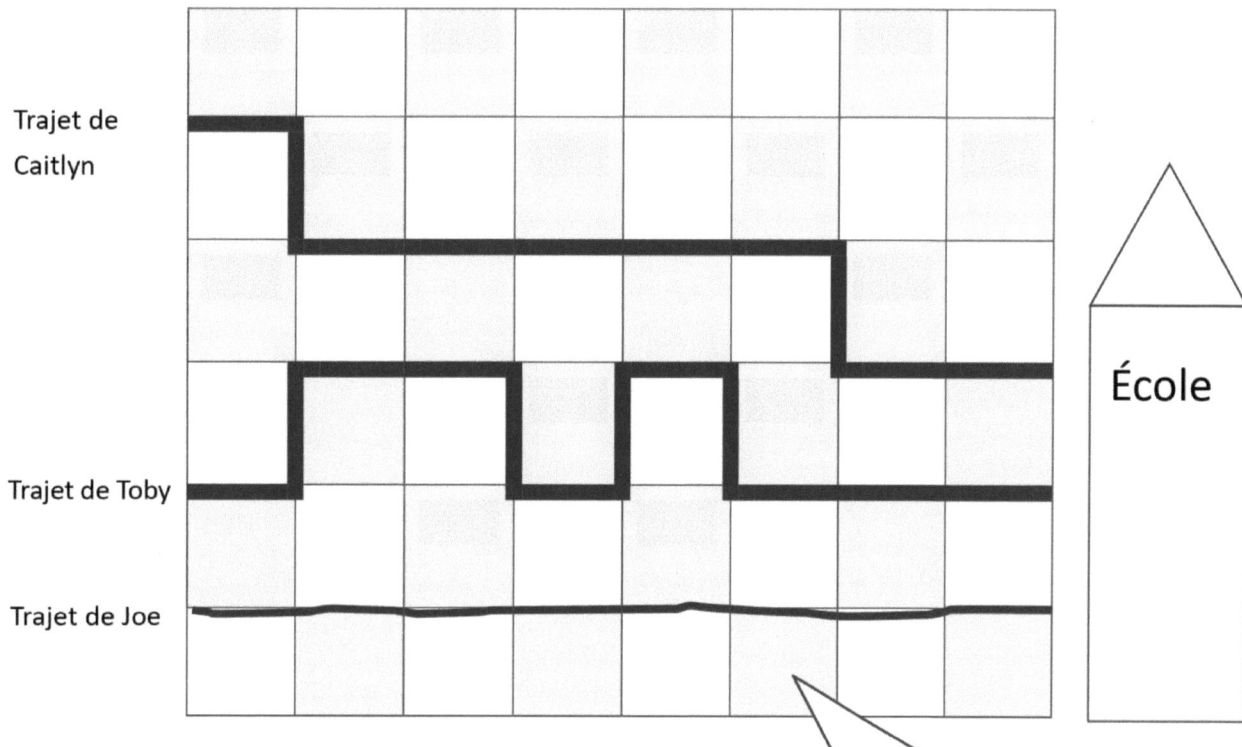

5. Quelle est la longueur du trajet de Caitlyn à l'école ? __10__ blocs

6. Quelle est la longueur du trajet de Toby à l'école ? __12__ blocs

> Le trajet de Caitlyn est de 10 pâtés de maisons, alors le trajet de Joe doit être de 9 pâtés de maisons ou moins. Je viens de tracer une ligne droite pour le trajet de Joe…

7. Le trajet de Joe est plus court que celui de Caitlyn. Dessine le trajet de Joe.

Encercle le bon mot pour que la déclaration soit correcte.

8. Le trajet de Toby que celui de Joe.

> Le trajet de Joe est le plus court. Le trajet de l'école n'est qu'une ligne droite de 8 pâtés de maisons sans aucun virage. Le trajet de Toby est de 12 pâtés de maisons…

9. Qui a pris le trajet le plus court pour aller à l'école ?
   __Joe__

10. Classe les trajets du plus court au plus long.

   __Joe__          __Caitlyn__          __Toby__

Leçon 3 :   Classer trois longueurs en utilisant la comparaison indirecte.

Nom _____ Date _____

1. La chaîne qui mesure le trajet du jardin à l'arbre est plus longue que le trajet entre l'arbre et les fleurs. Entoure le trajet le plus court.

**du jardin à l'arbre**

**de l'arbre aux fleurs**

Jardin

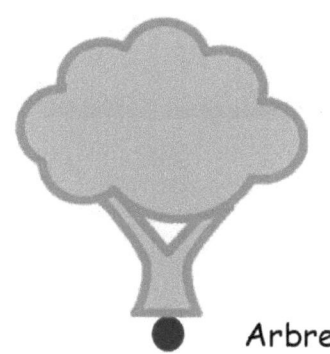
Arbre

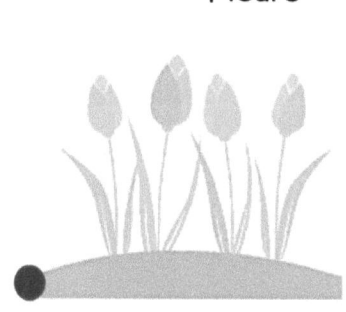
Fleurs

Utilise l'image pour répondre aux questions sur les rectangles.

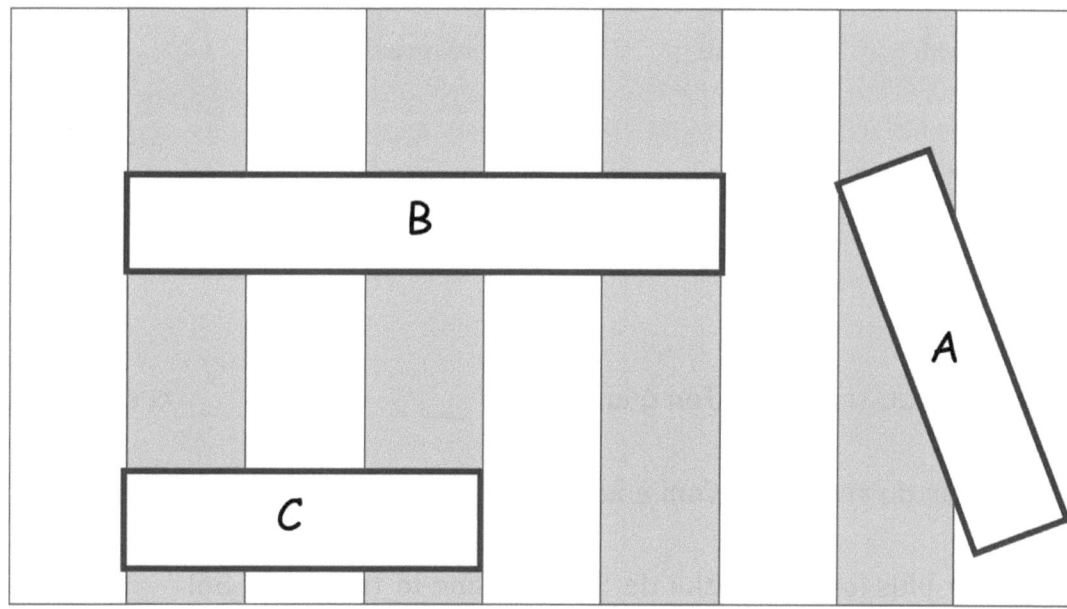

2. Quel est le rectangle le plus long ? _____

3. Si le rectangle A est plus long que le rectangle C, le plus court rectangle est

   _____.

4. Classe les rectangles du plus court au plus long.

   _____  _____  _____

Utilise l'image pour répondre aux questions sur les trajets des enfants à la plage.

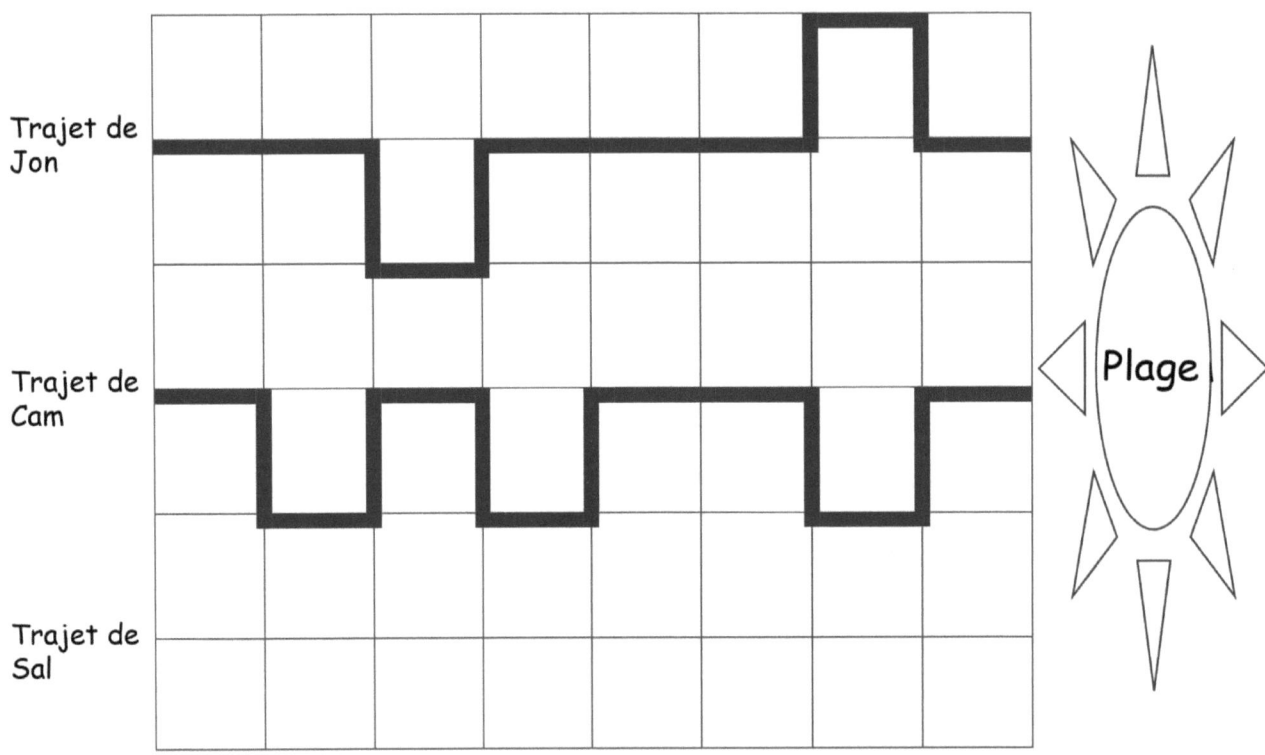

5. Quelle est la longueur du trajet de Jon à la plage ? _____ rues

6. Quelle est la longueur du trajet de Cam à la plage ? _____ rues

7. Le trajet de Jon est plus long que celui de Sal. Dessine le trajet de Sal.

Encercle le mot correct pour que la déclaration soit correcte.

8. Le trajet de Cam est **plus long / plus court** que celui de Sal.

9. Qui a pris le trajet le plus court pour aller à la plage ? _____

10. Classe les trajets du plus court au plus long.

   _____   _____   _____

Mesure la longueur de l'image avec tes cubes. Remplis la déclaration ci-dessous.

1. Le crayon fait **3** cubes centimétriques de long.

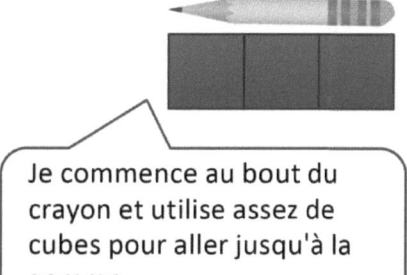

Je peux mesurer le crayon avec mes cubes centimétriques. Je dois aligner les bouts et m'assurer qu'il n y a aucun espace entre les cubes.

Je commence au bout du crayon et utilise assez de cubes pour aller jusqu'à la gomme.

2. Encercle l'image qui montre la bonne façon de mesurer.

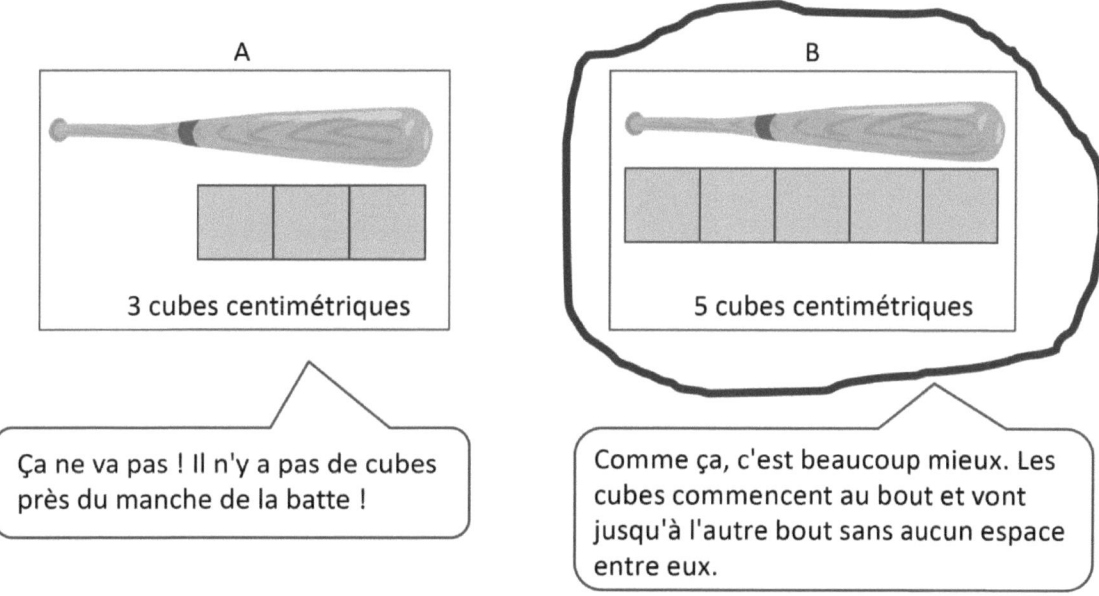

Ça ne va pas ! Il n'y a pas de cubes près du manche de la batte !

Comme ça, c'est beaucoup mieux. Les cubes commencent au bout et vont jusqu'à l'autre bout sans aucun espace entre eux.

3. Explique ce qui ne va pas avec les mesures de l'image que tu n'as PAS encerclée.

*L'image qui montre une mesure de 3 cubes est fausse car les cubes ne traversent pas complètement la batte. Les cubes ne commencent pas à l'extrémité ou ne se terminent pas à l'extrémité.*
Il n'y a pas assez de cubes !

Nom _____  Date _____

Mesure la longueur de chaque image avec tes cubes. Remplis la déclaration ci-dessous.

1. La sucette est _____ centimètres cubes de long.

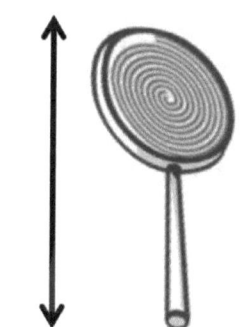

2. Le timbre est _____ centimètres cubes de long.

3. Le sac est _____ centimètres cubes de long.

4. La bougie est _____ centimètres cubes de long.

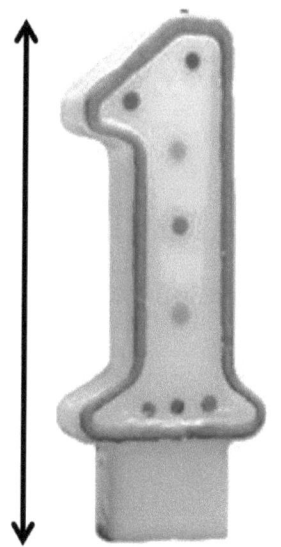

Leçon 4 : Exprimer la longueur d'un objet en utilisant des cubes centimétriques comme unités de longueur pour mesurer sans espaces ni chevauchements.

5. Le nœud est _____ centimètres cubes de long.

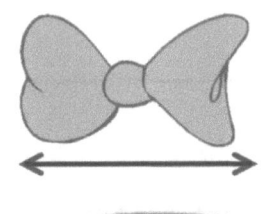

6. Le biscuit est _____ centimètres cubes de long.

7. La tasse est _____ centimètres cubes de long.

8. Le ketchup est _____ centimètres cubes de long.

9. L'envelope est _____ centimètres cubes de long.

10. Encercle l'image qui montre la bonne façon de mesurer.

A

3 cubes centimétriques

B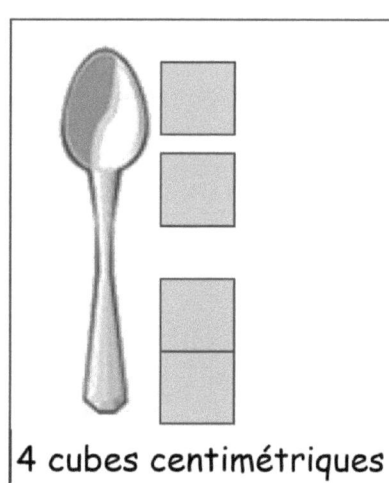

4 cubes centimétriques

C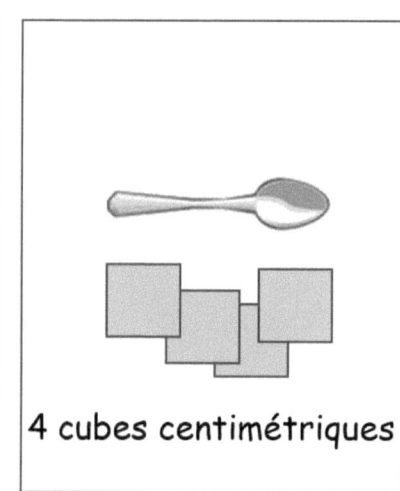

4 cubes centimétriques

D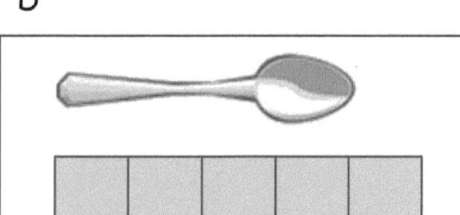

4 cubes centimétriques

11. Explique ce qui ne va pas avec les mesures des images que tu n'as PAS encerclées.

_____

_____

_____

1. Utilise des cubes en centimètres pour mesurer les images ci-dessous. Complète les phrases.

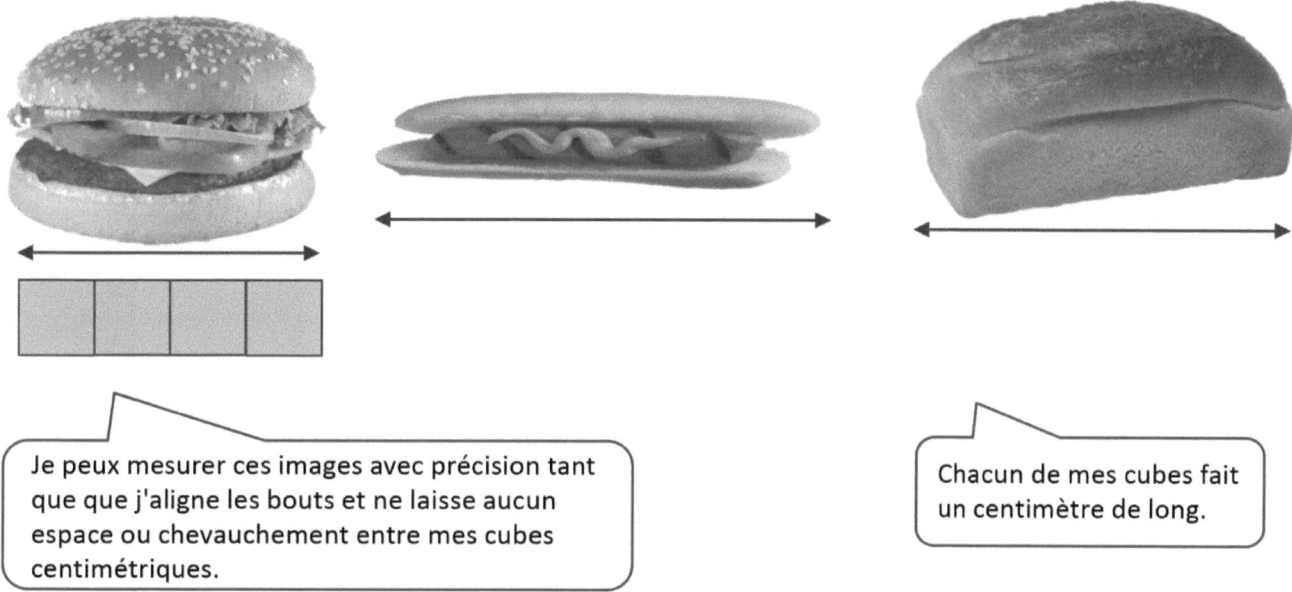

Je peux mesurer ces images avec précision tant que que j'aligne les bouts et ne laisse aucun espace ou chevauchement entre mes cubes centimétriques.

Chacun de mes cubes fait un centimètre de long.

a. L'image du hamburger mesure __4__ centimètres cubes de long.

b. L'image du hot dog mesure __6__ centimètres cubes de long.

c. L'image du pain fait **5** centimètres de long.

L'image du pain fait 5 cubes centimétriques de long. Ça veut dire qu'il fait 5 centimètres de long.

2. Utilise les mesures des images pour classer l'image du hamburger, l'image du hot-dog et l'image du pain de la plus longue à la plus courte. Tu peux utiliser des dessins ou des noms pour classer les images.

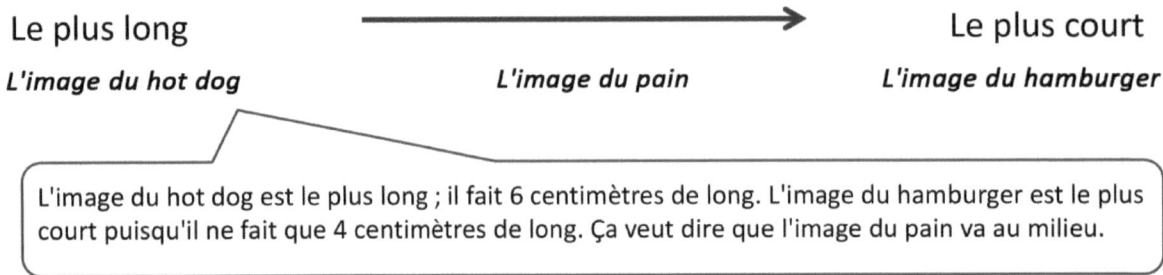

3. Remplis les blancs pour faire des déclarations correctes. (Il peut y avoir plusieurs réponses correctes.)

   a. L'image du hot-dog est plus longue que l'image __du pain__.

   b. L'image du pain est plus longue que l'image du __hamburger__ et plus courte que l'image du __hot-dog__.

   c. Si l'image d'une banane est ajoutée qui est plus longue que l'image du pain, sera-t-elle également plus longue que celle des autres images ? __hamburger__

UNE HISTOIRE D'UNITÉS                                                                 Leçon 5 Devoirs  1•3

Nom _____    Date _____

1. Justin collectionne des autocollants. Utilise des cubes en centimètres pour mesurer les autocollants de Justin. Complète les phrases sur les autocollants de Justin.

   a. L'autocollant de la motocyclette mesure _____ centimètres de long.

   b. L'autocollant de la voiture mesure _____ centimètres de longueur.

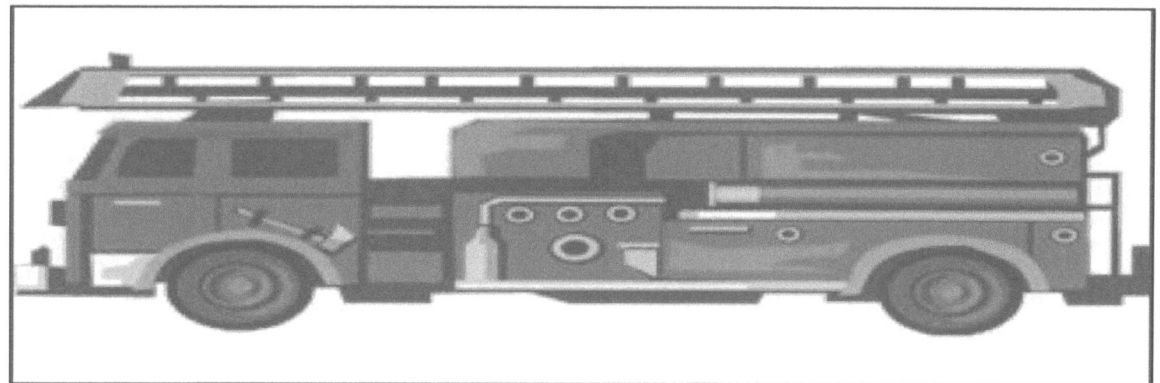

   c. L'autocollant du camion de pompier mesure _____ centimètres de longueur.

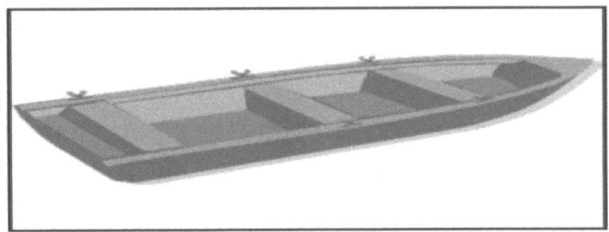

d. L'autocollant de la chaloupe mesure _____ centimètres de longueur.

e. L'autocollant de l'avion mesure _____ centimètres de longueur.

2. Utilise les mesures des autocollants pour classer les autocollants du camion de **pompier**, de la **chaloupe** et de l'**avion** du plus long au plus court. Tu peux utiliser des dessins ou des noms pour classer les autocollants.

Le plus long ⟶ Le plus court

3. Remplis les blancs pour faire des déclarations correctes. (Il peut y avoir plusieurs réponses correctes.)

   a. L'autocollant de l'avion est plus long que l'autocollant _____.

   b. L'autocollant de la chaloupe est plus long que l'autocollant _____

   et plus court que l'autocollant _____.

   c. L'autocollant de la motocyclette est plus cout que l'autocollant _____

   et plus long que l'autocollant _____.

   d. Si Justin obtient un nouvel autocollant plus long que la chaloupe, sera-t-il

   également plus long que celui de ses autres autocollants ? _____

Leçon 5 : Renommer et mesurer avec des cubes centrimétriques en utilisant leur nom standard d'unité de centimètres.

1. Classe les bogues du plus long au plus court en écrivant les noms des bogues sur les lignes. Utilise des centimètres cubes pour vérifier ta réponse. Écris la longueur de chaque insecte dans l'espace à droite des images.

   Les insectes des plus longs aux plus courts sont

   ___Chenille___    ___Libellule___    ___Abeille___

   Libellule

   __5__ centimètres

   Chenille

   La chenille est le plus long insecte. La chenille fait 7 centimètres de long !

   __7__ centimètres

   Abeille

   L'abeille est l'insecte le plus court. L'abeille ne fait que 4 centimètres de long !

   __4__ centimètres

Leçon 6 : Classer, mesurer et comparer des objets avant et après la mesure avec des centimètres cubes en résolvant des problèmes de mots inconnus avec des différences.

UNE HISTOIRE D'UNITÉS — Leçon 6 Aide aux devoirs 1•3

2. Utilise toutes les mesures d'insectes pour compléter les phrases.

   a. La mouche est plus longue que __l'abeille__ et plus courte que la __chenille__.

   b. __L'abeille__ est l'insecte le plus court.

   c. Si un autre insecte est ajouté qui est plus court que l'abeille, répertorie les insectes dont le nouvel insecte est également plus court.

   *Le nouvel insecte sera plus court que la mouche et la chenille.*

   > L'abeille est l'insecte le plus court, alors si un insecte est plus court que l'abeille, il est aussi plus court que tous les autres insectes.

3. Tania fabrique une tour cubique de 3 centimètres de plus que la tour de Vince. Si la tour de Vince mesure 9 centimètres de haut, quelle est la hauteur de la tour de Tania ?

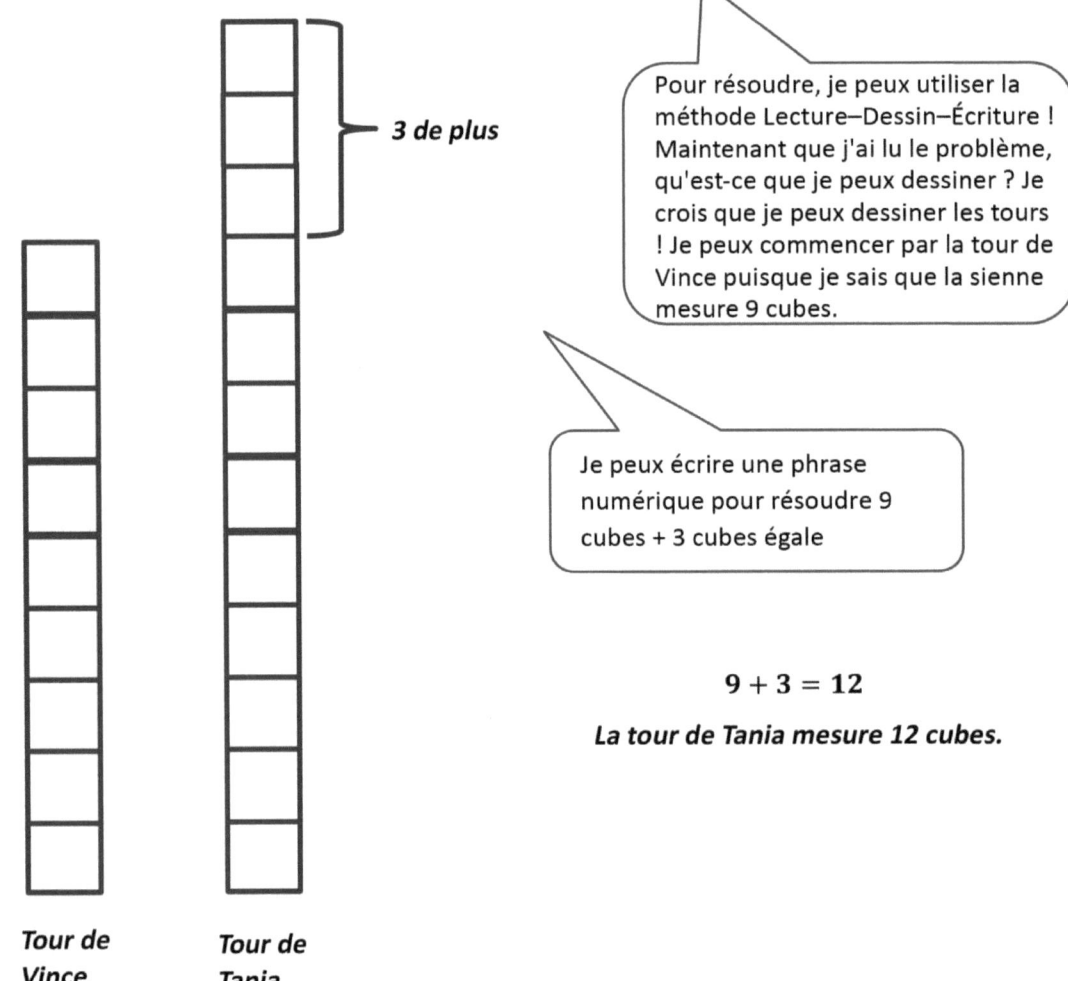

> Pour résoudre, je peux utiliser la méthode Lecture–Dessin–Écriture ! Maintenant que j'ai lu le problème, qu'est-ce que je peux dessiner ? Je crois que je peux dessiner les tours ! Je peux commencer par la tour de Vince puisque je sais que la sienne mesure 9 cubes.

> Je peux écrire une phrase numérique pour résoudre 9 cubes + 3 cubes égale

$$9 + 3 = 12$$

*La tour de Tania mesure 12 cubes.*

Nom _____  Date _____

1. Le professeur de Natasha veut qu'elle classe les poissons en ordre du plus long au plus court. Mesure chaque poisson avec les centimètres cubes que ton professeur t'a donnés.

A

_____ centimètres

B

_____ centimètres

C

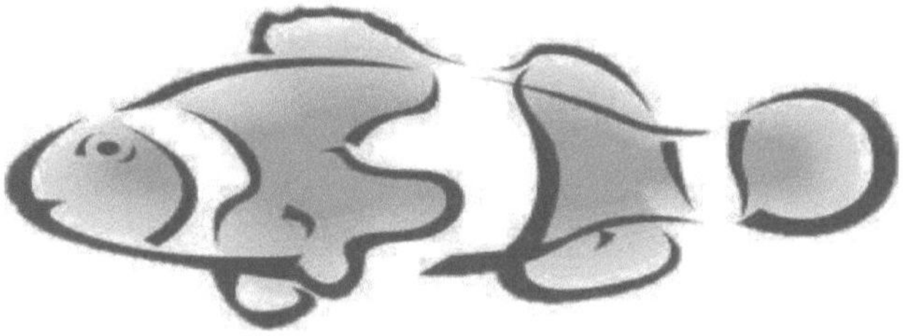

_____ centimètres

D

_____ centimètres

E

_____ centimètres

2. Classe les poissons A, B et C du plus long au plus court. 

_____  _____  _____

3. Utilise toutes les mesures de poissons pour compléter les phrases.

   a. Le poisson A est plus long que le poisson _____ et plus court que le poisson _____.

   b. Le poisson C est plus court que le poisson _____ et plus long que le poisson _____.

   c. Le poisson _____ est le poisson le plus court.

   d. Si Natasha obtient un nouveau poisson plus court que le poisson A, répertorie les poissons dont le nouveau poisson est également plus petit.

Utilise tes cubes d'un centimètre pour modéliser chaque longueur et répondre à la question.

4. Henry obtient un nouveau crayon de 19 centimètres de longueur. Il aiguise le crayon plusieurs fois. Si le crayon mesure maintenant 9 centimètres de long, de combien est-il plus court maintenant par rapport à sa longueur initiale ?

5. Malik et Jared ont chacun trouvé un bâton dans le parc. Malik a trouvé un bâton de 11 centimètres de long. Jared a trouvé un bâton de 17 centimètres de long. Quelle était la différence en longueur entre le bâton de Malik avec celui de Jared ?

UNE HISTOIRE D'UNITÉS — Leçon 7 Aide aux devoirs

Mesure les objets avec la grande bande de trombone (incluse avec le papier pour les devoirs) puis à nouveau avec la petite bande de trombone (incluse avec les devoirs).

Remplis le tableau au dos de la page avec tes mesures.

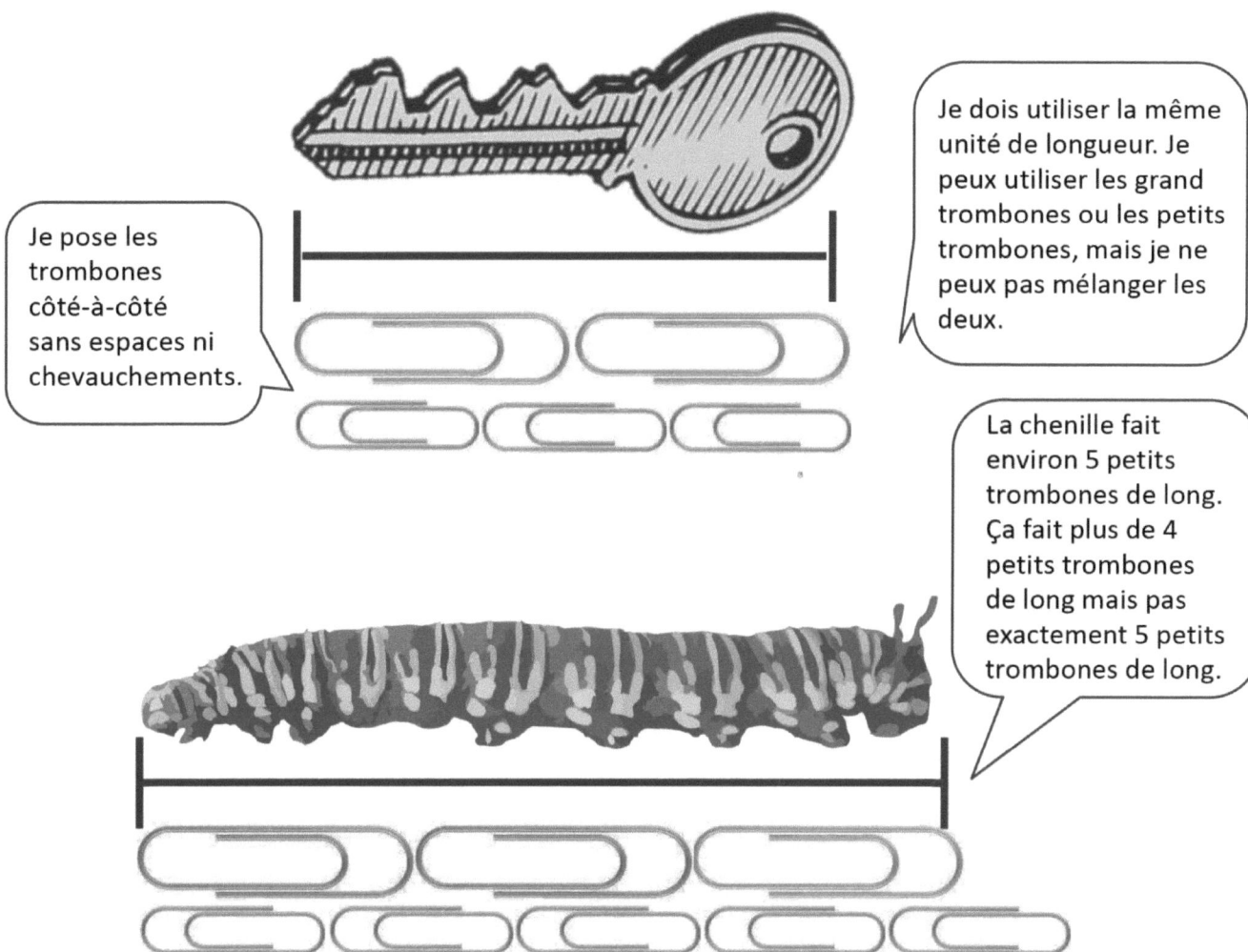

Je pose les trombones côté-à-côté sans espaces ni chevauchements.

Je dois utiliser la même unité de longueur. Je peux utiliser les grand trombones ou les petits trombones, mais je ne peux pas mélanger les deux.

La chenille fait environ 5 petits trombones de long. Ça fait plus de 4 petits trombones de long mais pas exactement 5 petits trombones de long.

Leçon 7 : Mesurer les mêmes objets du sujet B avec différentes unités non standard simultanément pour voir la nécessité de mesurer avec une unité cohérente.

| Nom de l'objet | Longueur Grands trombones | Longueur Petits trombones |
|---|---|---|
| a. clé | 2 | 3 |
| b. chenille | 3 | 5 |

> Je savais que la longueur de petits trombones serait un nombre plus grand

Grande bande de trombone

Petite bande de trombone

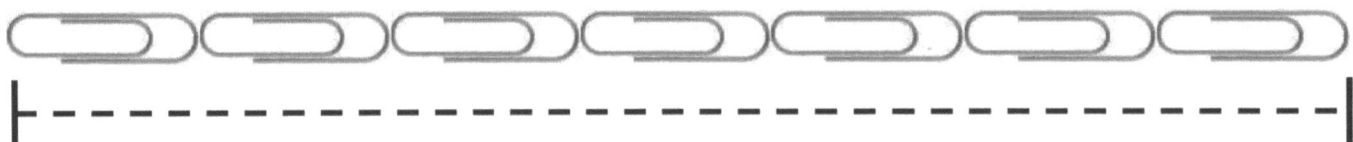

UNE HISTOIRE D'UNITÉS — Leçon 7 Devoirs

Nom _____ Date _____

Coupe la bande de trombones. Mesure la longueur de chaque objet **avec les grands** trombones à droite. Ensuite, mesure la longueur **avec les** petits trombones au dos.

1. Remplis le tableau au dos de la page avec tes mesures.

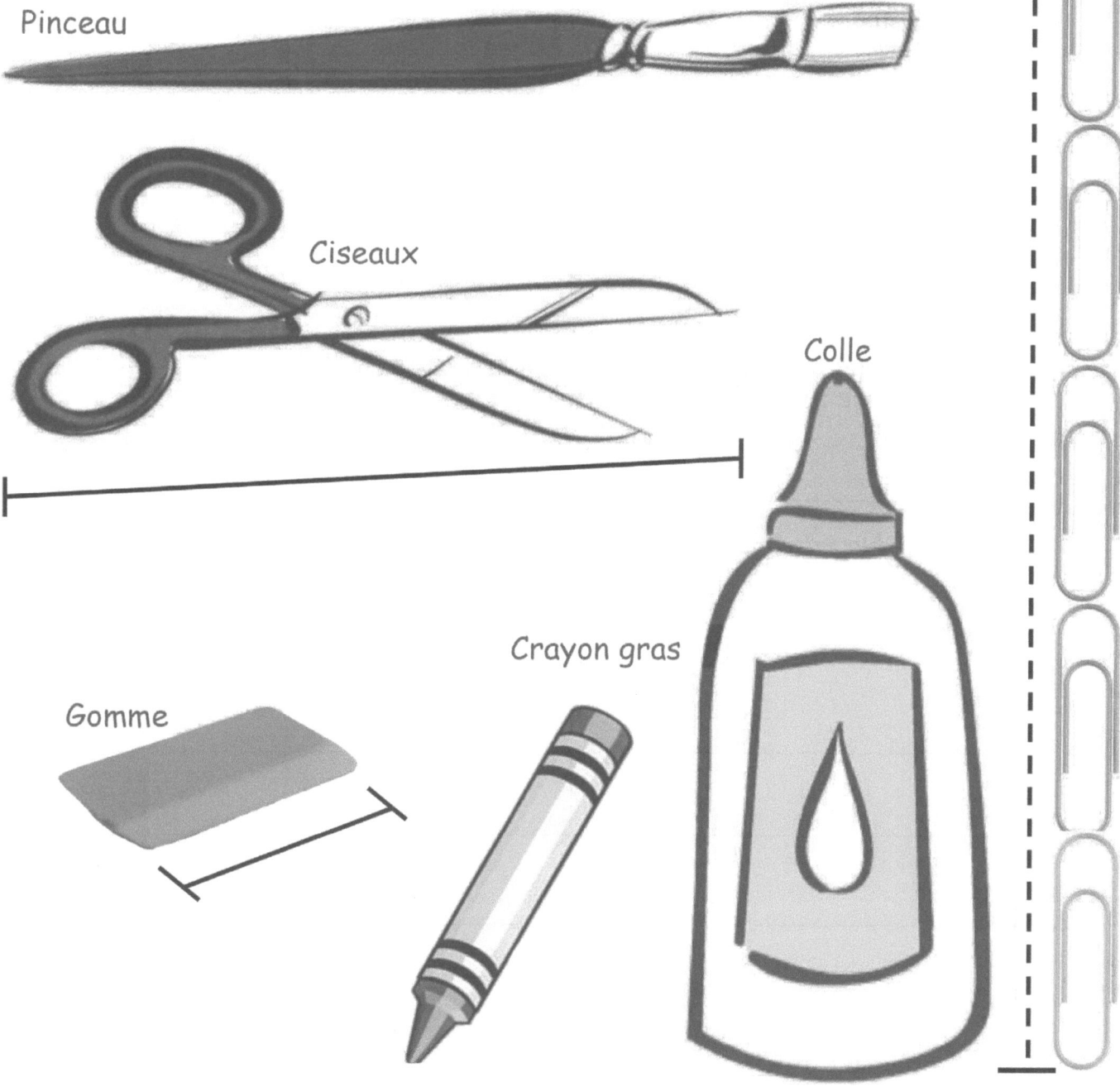

Pinceau

Ciseaux

Colle

Crayon gras

Gomme

Leçon 7 : Mesurer les mêmes objets du sujet B avec différentes unités non standard simultanément pour voir la nécessité de mesurer avec une unité cohérente.

UNE HISTOIRE D'UNITÉS　　　　　　　　　　　　　　　　Leçon 7 Devoirs　13

| Nom de l'objet | Longueur Grands trombones | Longueur Petits trombones |
|---|---|---|
| a. pinceau | | |
| b. ciseaux | | |
| c. gomme | | |
| d. crayon | | |
| e. colle | | |

2. Trouve des objets à mesurer autour de ta maison à mesurer. Enregistre les objets que tu trouves et leurs mesures sur le graphique.

| Nom de l'objet | Longueur Grands trombones | Longueur Petits trombones |
|---|---|---|
| a. | | |
| b. | | |
| c. | | |
| d. | | |
| e. | | |

Leçon 7 : Mesurer les mêmes objets du sujet B avec différentes unités non standard simultanément pour voir la nécessité de mesurer avec une unité cohérente.

UNE HISTOIRE D'UNITÉS — Leçon 8 Aide aux devoirs  13●

1. Encercle l'unité de longueur que tu utiliseras pour mesurer. Utilise la même unité de longueur pour tous les objets.

   Petits trombones          Grands trombones

   Cure-dents                 (Cubes centimétriques) ⟵ encerclé

Mesure chaque objet répertorié sur le graphique et enregistre cette mesure. Ajoute les noms d'autres objets dans la classe et enregistre leurs mesures.

| Objets de la classe | Mesure |
|---|---|
| a. bâton de colle | **8** *centimètres cubes* |
| b. marqueur effaçable à sec | **12** *centimètres cubes* |
| c. crayon non aiguisé | **19** *centimètres cubes* |
| **d. crayon neuf** | **9** *centimètres cubes* |

2. As-tu pensé à ajouter le nom de l'unité de longueur après le nombre ⟨oui⟩ NON

   > Je dois dire « cubes centimétriques ». Sinon quelqu'un pourrait penser que je mesure avec un autre type de cube !

Leçon 8 : Comprendre la nécessité d'utiliser les mêmes unités lors de la comparaison des mesures avec d'autres.

3. Choisis 3 éléments dans le tableau. Liste tes articles du plus long au plus court :

   a. _____**crayon non aiguisé**_____

   b. _**marqueur effaçable à sec**_

   c. _____**bâton de colle**_____

> J'ai commencé par le plus long objet à mesurer, soit le crayon non taillé. Puis, j'ai inscrit le plus court, le bâton de colle. Ensuite, j'ai mis le feutre effaçable à sec au milieu parce que c'est plus court que le crayon non taillé mais plus long que le bâton de colle.

Nom _____  Date _____

Encercle l'unité de longueur que tu utiliseras pour mesurer. Utilise la même unité de longueur pour tous les objets.

Petits trombones    Grands trombones

Cure-dents    Cubes centimétriques

1. Mesure chaque objet répertorié sur le graphique et enregistre la mesure. Ajoute les noms d'autres objets dans ta maison et enregistre leurs mesures.

| Objets de la maison | Mesure |
|---|---|
| a. fourchette | |
| b. cadre d'image | |
| c. poêle | |
| d. chaussures | |

Leçon 8 : Comprendre la nécessité d'utiliser les mêmes unités lors de la comparaison des mesures avec d'autres.

UNE HISTOIRE D'UNITÉS — Leçon 8 Devoirs

| Objets de la maison | Mesure |
|---|---|
| e. animal en peluche | |
| f. | |
| g. | |

As-tu pensé à ajouter le nom de l'unité de longueur après le nombre ? Oui Non

2. Choisis 3 éléments dans le tableau. Liste tes articles du plus long au plus court :

   a. _____

   b. _____

   c. _____

1. Regarde l'image ci-dessous. De combien de cm la guitare A est-elle plus longue que la guitare B ?

La guitare A est de/d' **1** unité(s) **plus longue** que la guitare B.

> La guitare A fait 4 unités de long.
> La guitare B fait 3 unités de long.
> 4 − 3 = 1, alors la guitare A est d'1 unité plus longue.

2. Mesure chaque objet avec des cubes d'un centimètre.

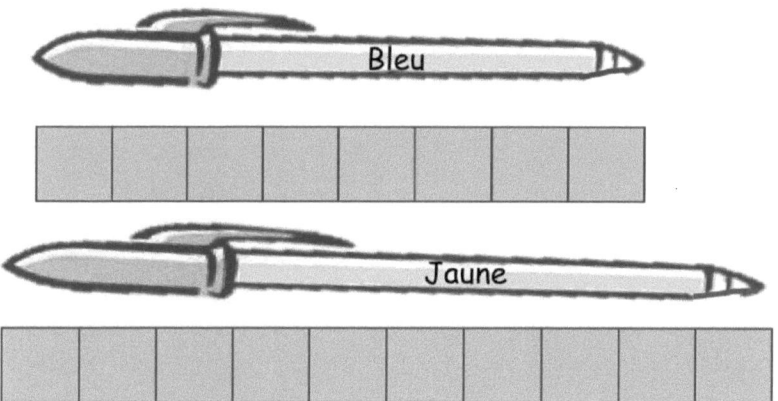

Le stylo bleu est de **8 *centimètres cubes*.**

Le stylo jaune est de **10 *centimètres cubes*.**

UNE HISTOIRE D'UNITÉS — Leçon 9 Aide aux devoirs

3. **Combien de fois le stylo jaune est-il plus long que le stylo bleu ?**

   Le stylo jaune mesure _2_ centimètres de plus que le stylo bleu.

Utilise tes cubes d'un centimètre pour modéliser le problème. Ensuite, résous en dessinant une image de ton modèle et en écrivant une phrase numérique et une déclaration.

4. Austin veut faire un train de 13 centimètres cubes de longueur. Si son train mesure déjà 9 centimètres cubes de longueur, de combien de cubes a-t-il besoin ?

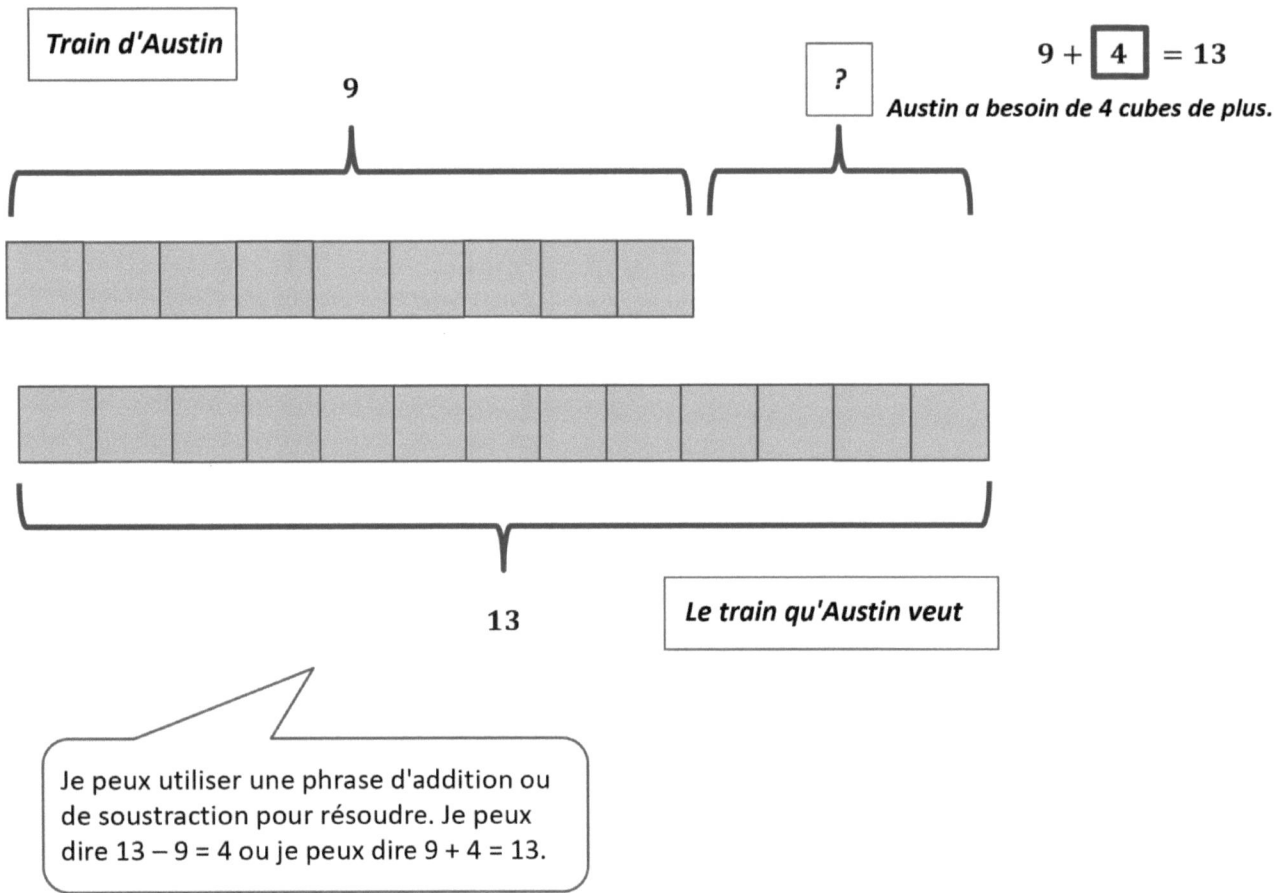

Je peux utiliser une phrase d'addition ou de soustraction pour résoudre. Je peux dire 13 − 9 = 4 ou je peux dire 9 + 4 = 13.

Nom _____  Date _____

1. Regarde l'image ci-dessous. Le trophée A est-il beaucoup plus court que le trophée B ?

Le trophée A est _____ unités **plus court** que le trophée B.

2. Mesure chaque objet avec des cubes d'un centimètre.

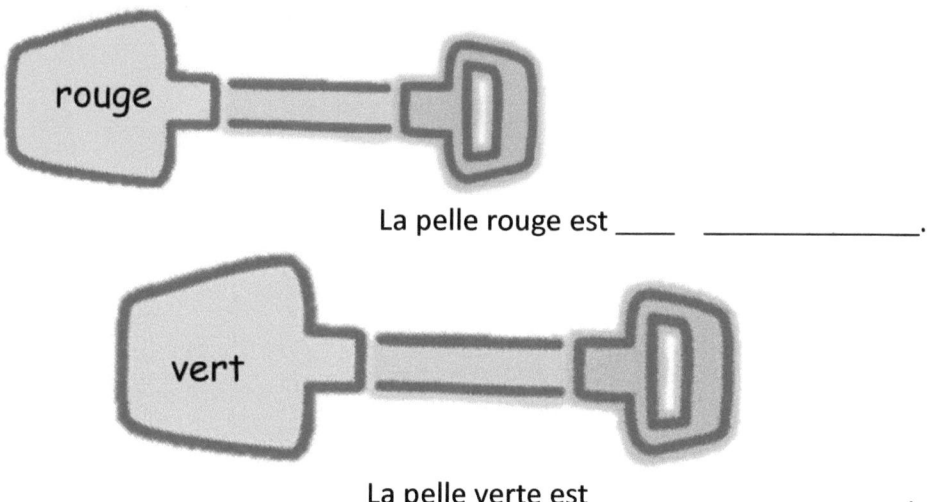

La pelle rouge est ____ _____.

La pelle verte est ____ _____.

3. Combien de fois la pelle verte est-elle plus **longue** que la pelle rouge ?
   La pelle verte est plus **longue** de _____ centimètres que la pelle rouge.

Utilise tes cubes d'un centimètre pour modéliser chaque problème. Ensuite, résous en dessinant une image de ton modèle et en écrivant une phrase numérique et une déclaration.

4. Susan a grandi de 15 centimètres et Tyler de 11 centimètres. De combien de centimètres Susan a-t-elle grandi de plus que Tyler ?

5. La paille de Bob mesure 13 centimètres de longueur. Si la paille de Tom mesure 6 centimètres de longueur, De combien la paille de Tom est-elle **plus courte** que celle de Bob ?

6. Un carton violet mesure 8 centimètres de long. Un carton rouge mesure 12 centimètres de long. De combien de centimètres le carton rouge est-il **plus long** que le carton violet ?

7. Le haricot de Carl a atteint une hauteur de 9 centimètres. Le haricot de Dan a atteint 14 centimètres de haut. Quelle est la **taille** de la plante de Dan par rapport à celle de Carl ?

UNE HISTOIRE D'UNITÉS — Leçon 10 Aide aux devoirs 1•3

Les élèves ont été interrogés sur leur type de fruit préféré. Utilise les données ci-dessous pour répondre aux questions.

| Saveur de crème glacée | Marques de pointage | Votes |
|---|---|---|
| Pomme | \|\| | 2 |
| Fraise | \|\|\|\| | 4 |
| Banane | ||||  ||| | 8 |

1. Remplis les blancs du tableau en écrivant le nombre d'élèves qui ont voté pour les fruits.

2. Combien d'élèves ont choisi la pomme comme le fruit qu'ils préfèrent ?
   __2__ élèves

   > Je peux résoudre en additionnant 2 et 4 puisqu'il y a 2 élèves qui aiment les pommes et 4 élèves qui aiment les fraises.

3. Quel est le nombre total d'élèves qui préfèrent la pomme ou la fraise ?
   __6__ élèves

   > En regardant les marques de pointage, ça se voit que moins de personnes ont voté pour la pomme.

4. Quel fruit a reçu le moins de votes ? ____*pomme*____

5. Quel est le nombre total d'élèves qui préfèrent la banane ou la pomme ?
   __10__ élèves

   > Je dois réfléchir à deux nombres qui font 12. Il y a un 2, un 4 et un 8. 4 + 8 = 12, alors 12 élèves aimaient les bananes et les fraises.

6. Quelles sont les deux saveurs appréciées par un total de 12 élèves ?

   ____*fraises*____ et ____*bananes*____

7. Écris une phrase supplémentaire qui montre combien d'élèves ont voté pour leur fruit préféré.
   ____2 + 4 + 8 = 14____

Leçon 10 : Recueille, trie et organise les données ; puis pose et réponds aux questions sur le nombre de points de données.

Leçon 10 Aide aux devoirs

8. Un groupe de personnes ont été invitées à dire leur couleurs préférées. Organise les données à l'aide des marques de pointage et réponds aux questions.

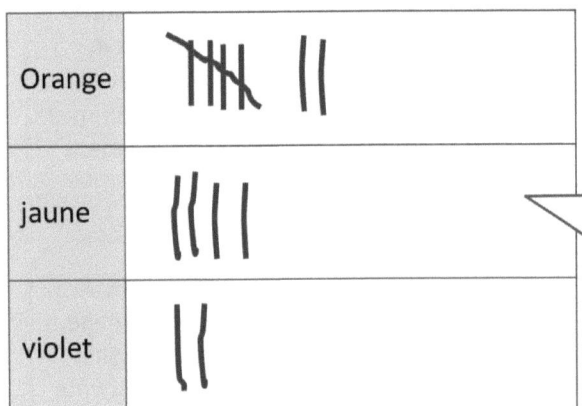

Je peux compter chaque vote et tenir un compte en faisant des marques de pointage. C'est un peu plus difficile qu'en classe parce que je ne vois pas ceux que j'ai déjà comptés, alors je les barre à mesure que je compte.

9. Quelle couleur a reçue le moins de votes ? **_violet_**

10. Combien de personnes aiment plus le jaune que le violet ?

    **_2_** élèves

    Je vois que le jaune a 2 marques de plus que le violet.

11. Quel est le nombre total de personnes qui aiment le plus l'orange et le violet ?

    **_9_** élèves

    7 élèves aiment l'orange et 4 élèves aiment le jaune. 7 + 4 = 11.

12. Pour quelles deux couleurs un total de 11 personnes ont-elles voté ?

    _____orange_____et_____jaune_____

13. Écris une phrase d'addition qui montre combien de personnes ont voté pour leur couleur préférée.
    **_7 + 4 + 2 = 13_**

Nom _____   Date _____

Les élèves ont été interrogés sur leur saveur de crème glacée préférée. Utilise les données ci-dessous pour répondre aux questions.

| Saveur de crème glacée | Marques de pointage | Votes |
|---|---|---|
| Chocolat | IIII | |
| Fraise | III | |
| Pâte à biscuits | IIII IIII | |

1. Remplis les blancs du tableau en écrivant le nombre d'élèves qui ont voté pour chaque saveur.

2. Combien d'élèves ont choisi la pâte à biscuits comme la saveur qu'ils **préfèrent ?** _____ élèves

3. Quel est le nombre total d'élèves qui préfèrent le chocolat ou la **fraise ?** _____ élèves

4. Quelle saveur a **reçu** le moins de votes ? _____

5. Quel est le nombre total d'élèves qui préfèrent la pâte à biscuits ou le **chocolat ?** _____ élèves

6. Quelles sont les deux saveurs appréciées par un **total** de 7 élèves ?

   _____ et _____

7. Écris une phrase supplémentaire qui montre combien d'élèves ont voté pour leur saveur de crème glacée préférée.

   _____

Leçon 10 : Recueille, trie et organise les données ; puis pose et réponds aux questions sur le nombre de points de données.

UNE HISTOIRE D'UNITÉS

Leçon 10 Devoirs 1•3

Les élèves ont voté sur ce qu'ils aiment lire le plus. Organise les données à l'aide des marques de pointage, puis, réponds aux questions.

| bande dessinée | magazine | roman | bande dessinée | magazine |
| roman | bande dessinée | bande dessinée | roman | roman |
| roman | roman | magazine | magazine | magazine |

| Ce que les élèves aiment lire le plus | Nombre d'élèves |
|---|---|
| Bandes dessinées | |
| Magazine | |
| Romans pour enfant | |

8. Combien d'élèves aiment le plus lire les romans pour enfant ? _____ élèves

9. Quel élément a **reçu** le moins de votes ? _____

10. Combien d'élèves aiment lire les romans pour enfant plus que les magazines ? _____ élèves

11. Quel est le nombre total d'élèves qui aiment lire des magazines ou des romans pour enfant ? _____ élèves

12. Quels sont les deux éléments qu'un total de 9 élèves ont aimé lire ?

   _____ et _____

13. Écris une phrase d'addition qui montre combien d'élèves ont voté.

   _____

Leçon 10 : Recueille, trie et organise les données ; puis pose et réponds aux questions sur le nombre de points de données.

UNE HISTOIRE D'UNITÉS — Leçon 11 Aide aux devoirs — 1•3

Collecte des informations sur le quartier où tu vis. Utilise des marques de pointage ou des nombres pour organiser les données dans le tableau ci-dessous.

| Combien de bâtiments/maisons en briques sont dans ta rue ? | Combien de bâtiments/maisons à deux étages sont dans ta rue ? | Combien de bâtiments/maisons à un étage sont dans ta rue ? | Combien de pelouses herbeuses sont dans ta rue ? | Combien de bâtiments/maisons avec un garage sont dans ta rue ? |
|---|---|---|---|---|
| \|\| | \|\|\|\| | ⋕\|\| | ⋕\|\|\|\| | ⋕\|\| \| |

- Remplis les cadres de phrases de questions qui permettront de poser des questions sur tes données.
- Réponds à tes propres questions.

> Ça se voit que le plus de maisons ont une pelouse parce qu'il y a tellement de marques de pointage !

1. Combien de **_pelouses herbeuses_** y a-t-il ? (Choisis la catégorie qui en a le **plus**.)  _9_

2. Combien y a-t-il de **_bâtiments en_** briques ? (Choisis l'élément qui en présente le **moins**.)  _2_

3. **Ensemble**, combien y a-t-il de maisons en briques et de maisons avec garages ?  _8_

4. Écris et réponds à deux autres questions en utilisant les données que tu as collectées.

   a. **_Y a-t-il plus de maisons à un ou deux étages ? Il y a plus de maisons à un étage._**

   b. **_Ensemble, combien y a-t-il de maisons à un étage et à deux étages ? 9_**

Leçon 11 : Recueille, trie et organise les données ; puis pose et réponds aux questions sur le nombre de points de données.

Les employés ont voté pour leur collation préférée au bureau. Chaque employé ne pouvait voter qu'une seule fois. Répons aux questions sur la base des données du tableau.

5. Combien d'employés ont choisi le pop-corn ? __6__ employés

> 3 travailleurs ont choisi les crackers et 5 d'entre eux ont choisi les fruits. 3 + 5 = 8, alors 8 travailleurs ont choisi les fruits ou les crackers.

6. Combien d'employés ont choisi des fruits ou des craquelins ?
__8__ employés

7. À partir de ces données, peux-tu indiquer le nombre d'employés dans ce bureau ? Explique ton raisonnement.

   **Je pense qu'il doit y avoir 14 employés au bureau parce que j'ai compté chaque personne qui a voté. *Il pourrait y en avoir plus, car que se passerait-il si quelqu'un était absent ce jour-là ou s'il ne votait pas ?***

> Je sais que 3 + 6 = 9, puis il y a 5 de plus. 9 + 1 = 10, puis j'y ajoute 4 de plus pour faire 14.

UNE HISTOIRE D'UNITÉS — Leçon 11 Devoirs

Nom _____  Date _____

Collecte des informations sur les choses que tu possèdes. Utilise des marques de pointage ou des nombres pour organiser les données dans le tableau ci-dessous.

| Combien de d'animaux de compagnie as-tu ? | Combien de brosses à dents y a-t-il dans ta maison ? | Combien d'oreillers y a-t-il dans ta maison ? | Combien de pots de sauce tomate y a-t-il dans ta maison ? | Combien de cadres photo se trouvent dans ta maison ? |
|---|---|---|---|---|
|  |  |  |  |  |

- Remplis les cadres de phrases de questions qui permettront de poser des questions sur tes données.
- Répons à tes propres questions.

1. Combien _____ en as-tu ? (Choisis l'élément qui en présente le **plus**)

2. Combien _____ en as-tu ? (Choisis l'élément qui en présente le **moins**.)

3. **Ensemble,** combien de cadres et d'oreillers as-tu ?

4. Écris et réponds à deux autres questions en utilisant les données que tu as collectées.

    a. _____ ?

    b. _____ ?

Leçon 11 : Recueille, trie et organise les données ; puis pose et réponds aux questions sur le nombre de points de données.

Les élèves ont voté pour leur type de musée préféré à visiter. Chaque élève ne pouvait voter qu'une seule fois. Réponds aux questions sur la base des données du tableau.

| Musée des sciences | (6 élèves) |
| Musée d'art | (8 élèves) |
| Musée d'histoire | (6 élèves) |

5. Combien d'élèves ont choisi les musées d'art ? _____ élèves

6. Combien d'élèves ont choisi le musée d'art ou le musée des sciences ? _____ élèves

7. À partir de ces données, peux-tu indiquer le nombre d'élèves dans cette classe ? Explique ton raisonnement.

La classe a 20 élèves. 10 élèvent utilisent leur vélo pour se rendre à l'école, 7 prennent le bus et 3 viennent en voiture. Utilise des carrés sans espaces ni chevauchements pour organiser les données. Aligne soigneusement tes carrés.

Comment les élèves sont venus à l'école     Nombre d'élèves     ☐ représente 1 élève

| Vélo | ☐☐☐☐☐☐☐☐☐☐ |
| Bus | ☐☐☐☐☐☐☐ |
| Voiture | ☐☐☐ |

J'aligne mes carrés soigneusement sans espaces ni chevauchements entre eux. J'ai commencé au même point.

Je regarde le nombre d'élèves qui sont venus à vélo et le nombre d'élèves qui sont venus en bus. Je peux compter combien d'élèves de plus sont venus à vélo. 1, 2, 3 élèves !

1. Combien d'élevés de plus sont venus à vélo qu'en bus ? __3__ élèves

2. Écris une phrase numérique sur le nombre d'élèves auxquels il a été demandé de renseigner sur les moyens qu'ils ont empruntés pour se rendre à l'école.
   $10 + 7 + 3 = 20$

J'additionne les nombres d'élèves qui sont venus à vélo, en bus et en voiture !

3. Écris une phrase numérique pour montrer combien d'élèves de moins sont montés dans une voiture que dar
   $7 - 3 = 4$

Leçon 12 : Demande et réponds à différents types de problèmes de mots concernant un ensemble de données avec trois catégories.

Nom _____ Date _____

La classe a 18 élèves. Vendredi, 9 élèves portaient des baskets, 6 élèves portaient des sandales et 3 élèves portaient des bottes. Utilise des carrés sans espaces ni chevauchements pour organiser les données. Aligne soigneusement tes **carrés**.

Chaussures portées le vendredi | Nombre d'élèves    ☐ = 1 élève

1. Combien d'élèves de plus portaient des baskets que des sandales ? _____ élèves

2. Écris une phrase numérique pour dire combien d'élèves ont été interrogés sur leurs chaussures vendredi.

   _____

3. Écris une phrase numérique pour montrer combien d'élèves en moins portaient des bottes que des baskets.

   _____

Leçon 12 : Demande et réponds à différents types de problèmes de mots concernant un ensemble de données avec trois catégories.

UNE HISTOIRE D'UNITÉS  Leçon 12 Aide aux devoirs 1•3

Notre jardin scolaire s'agrandit depuis deux mois. Le graphique ci-dessous montre le nombre de chaque légume qui a été récolté jusqu'à présent.

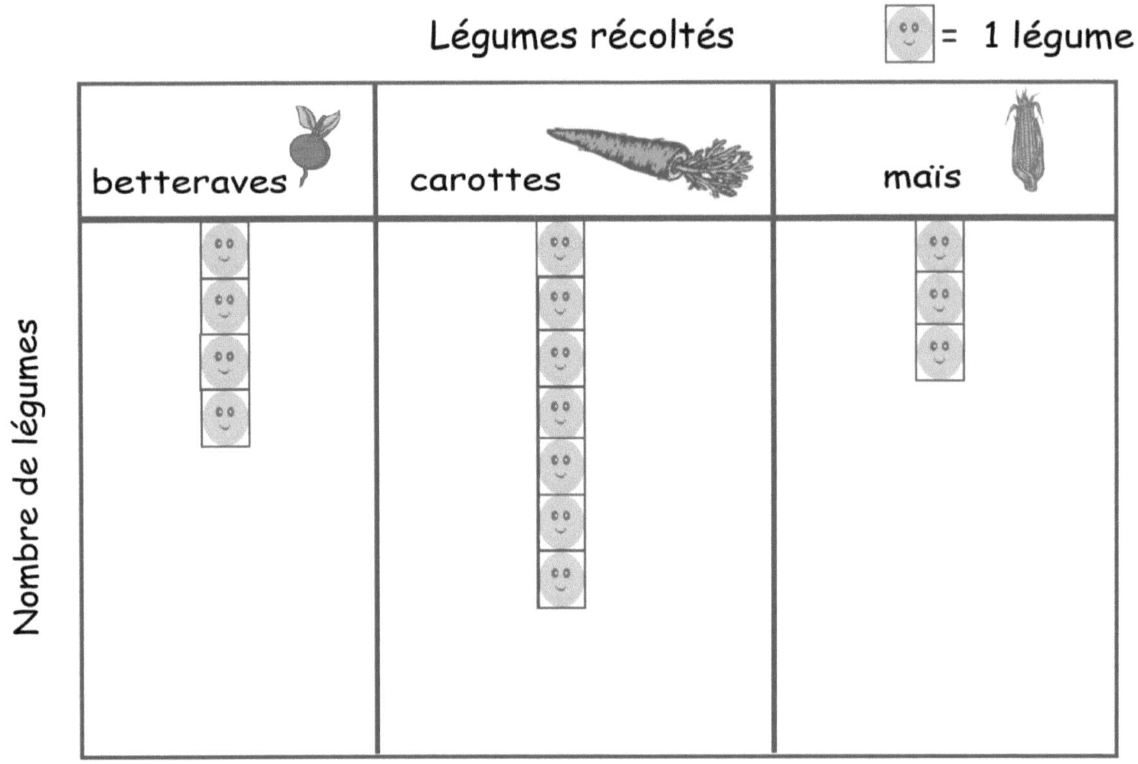

Légumes récoltés      = 1 légume

| betteraves | carottes | maïs |
|---|---|---|
| 4 | 7 | 3 |

Nombre de légumes

4. Combien de légumes au total ont été récoltés ?

    _____ légumes

5. Quel légume a été le plus récolté ?

    _____

6. Combien de betteraves ont été récoltées de plus que le maïs ?

    _____ de plus de betteraves que de maïs

7. Combien de betteraves supplémentaires devraient être récoltées pour avoir la même quantité que le nombre de carottes récoltées ?

    _____

Leçon 12 : Demande et réponds à différents types de problèmes de mots concernant un ensemble de données avec trois catégories.

UNE HISTOIRE D'UNITÉS — Leçon 13 Aide aux devoirs 1•3

Utilise le tableau pour répondre aux questions. Remplis le blanc et écris une phrase numérique.

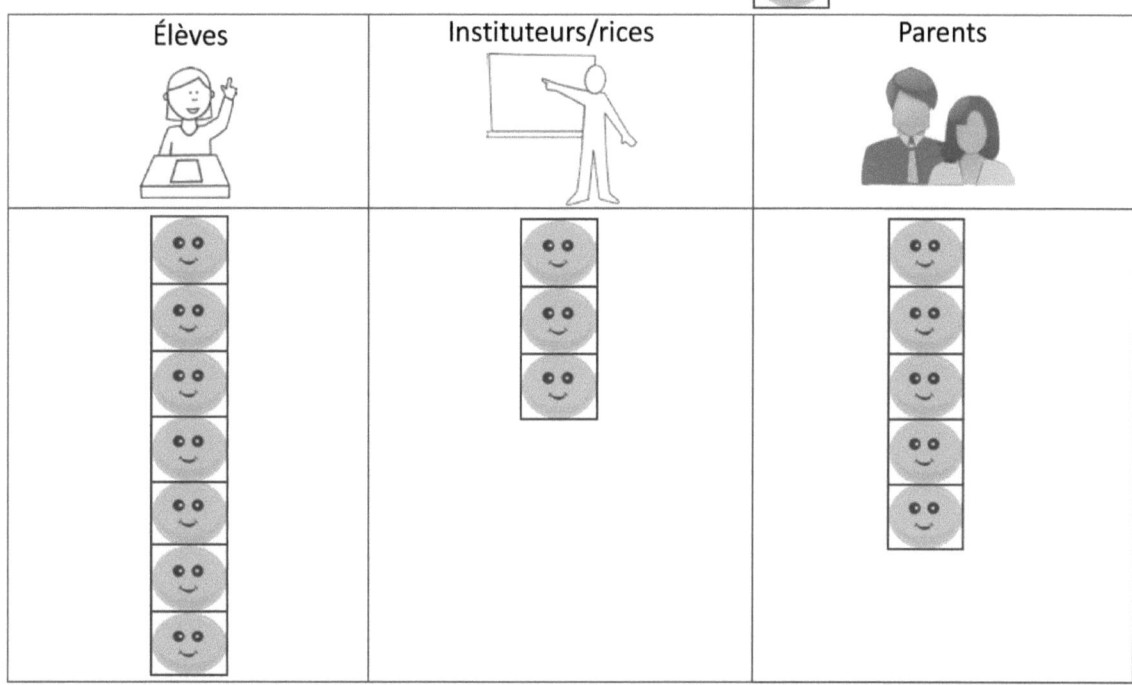

1. Combien d'élèves participent au jeu de plus que les enseignants ? **7 – 3 = 4**

   Il y a __4__ élèves de plus que d'enseignants.

   > Je peux voir lequel en a plus et lequel en a moins en regardant les carrés. Je peux soustraire pour découvrir combien de plus ou de moins.

2. CCombien de parents participent au jeu de moins que les élèves ? **7 – 5 = 2**

   Il y a __2__ parents de moins.

3. Si 2 enseignants supplémentaires assistent au jeu, combien de personnes seront présentes ?
   **5 + 5 + 7 = 17**

   Il y aura __17__ personnes.

   > Je peux ajouter 2 instituteurs/rices aux 3 instituteurs/rices. Ça donne 5 instituteurs/rices. Je sais que 5 instituteurs/rices plus 5 parents égale 10 personnes. Puis j'y ajoute les 7 élèves. 10 + 7 = 17

Leçon 13 : Demande et réponds à différents types de problèmes de mots concernant un ensemble de données avec trois catégories.

UNE HISTOIRE D'UNITÉS        Leçon 13 Devoirs  1•3

Nom _____    Date _____

Utilise le tableau pour répondre aux questions. Remplis le blanc et écris une phrase numérique.

Commande déjeuner à l'école    = 1 élève

| repas chaud | sandwich | salade |
|---|---|---|
| 7 | 6 | 4 |

1. Combien y avait-il de commandes de repas chauds de plus que de sandwiches ?

   Il y avait _____ de plus de commandes de repas chauds.

   _____

2. Combien y avait-il de commandes de salade en moins que les commandes de repas chauds ?

   Il y avait _____ de moins de commandes de salade.

   _____

3. Si 5 autres élèves commandent un déjeuner chaud, combien y aura-t-il de commandes de repas chauds ?

   Il y aura _____ commandes de repas chauds.

   _____

Utilise le tableau pour répondre aux questions. Remplis les blancs et formule une phrase numérique.

type de livre préféré         𝍤 = 5 élèves

| | | |
|---|---|---|
| contes de fées | 𝍤 𝍤 \| | |
| livres de science | 𝍤 \|\|\| | |
| livres de poésie | 𝍤 𝍤 𝍤 | |

4. Combien d'élèves préfèrent les contes de fées aux livres de science ?

   _____ de plus d'élèves aiment les contes de fées. _____

5. Combien d'élèves en moins aiment les livres de science que les livres de poésie ?

   _____ de moins d'élèves aiment les livres de science. _____

6. Combien d'élèves au total ont choisi des contes de fées ou des livres de science ?

   _____ élèves ont choisi des contes de fées ou des _____
   livres de science.

7. Combien d'élèves de plus auraient besoin de choisir des livres de science pour avoir le même nombre de livres que de contes de fées ?

   _____ de plus d'élèves auraient besoin de choisir des _____
   livres de science.

8. Si 5 autres élèves se présentent tard et choisissent tous des contes de fées, sera-ce le livre le plus populaire ? Utilise une phrase numérique pour montrer ton raisonnement.

   _____

# Crédits

Great Minds® a fait tout son possible pour obtenir l'autorisation de réimprimer tout le matériel protégé par des droits d'auteur. Si un propriétaire de matériel protégé par des droits d'auteur n'est pas mentionné dans le présent document, veuillez contacter Great Minds pour qu'il soit dûment mentionné dans toutes les éditions et réimpressions futures de ce module.

Printed by Libri Plureos GmbH in Hamburg,
Germany